oekom

Bibliografische Information der Deutschen Nationalbibliothek:
Die Deutsche Nationalbibliothek verzeichnet diese Publikation in der Deutschen Nationalbibliografie; detaillierte bibliografische Daten sind im Internet über www.dnb.de abrufbar.

1. Auflage

oekom – Gesellschaft für ökologische Kommunikation mbH
Goethestraße 28, 80336 München
+49 89 544184 – 200
www.oekom.de

Lektorat: Laura Kohlrausch, oekom verlag
Korrektorat: Petra Kienle
Umschlaggestaltung: Esther Gonstalla | gonstalla.com
Satz und Infografik: Esther Gonstalla
Druck: Friedrich Pustet GmbH & Co. KG

978-3-98726-528-0
https://doi.org/10.14512/9783987266386

ESTHER GONSTALLA

NATURTALENTE

Von Bibern, Bienen und anderen Fachkräften

oekom

ODE AN DIE NATUR

VORWORT

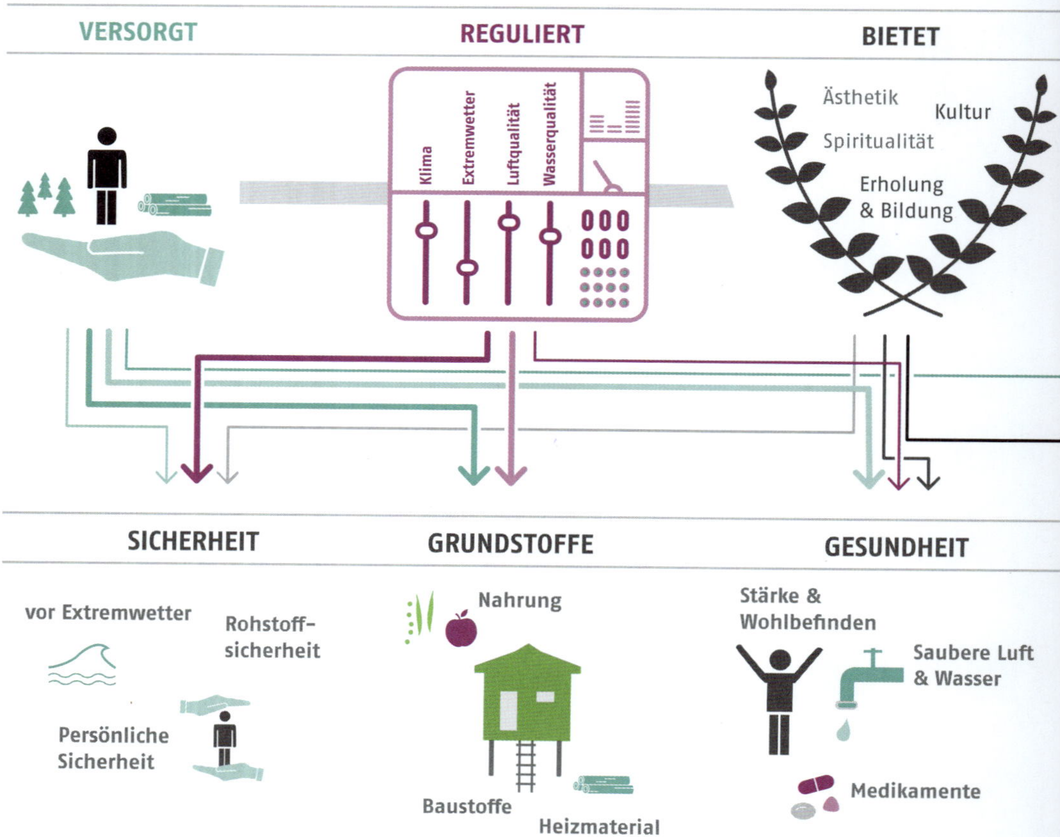

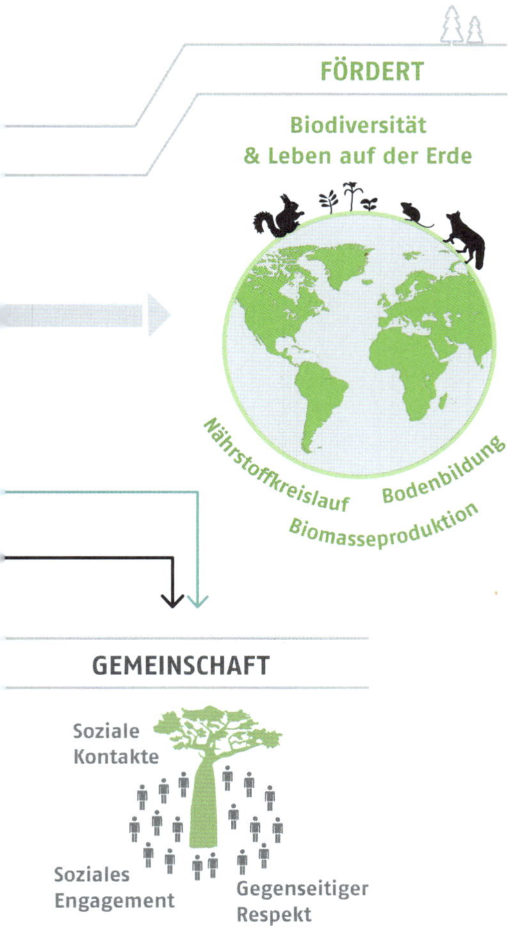

Dieses Buch stellt eine kleine Auswahl der unzähligen Jobs vor, die die Natur rund um die Uhr für uns erledigt. Eichhörnchen, Fische und Biber in Wäldern, Meeren und Flüssen halten die Welt heimlich am Laufen.
Sie schaffen die Voraussetzungen dafür, dass Leben auf der Erde möglich ist – für uns Menschen und viele weitere Arten.

Ohne die Ökosystemleistungen und Rohstoffe der Natur könnten wir nicht atmen, essen, trinken, Geld verdienen oder unsere Häuser bauen. Ein paar dieser unfassbaren Leistungen will ich dir auf den kommenden Seiten vorstellen. Viel Spaß!

E. Gonstalla

STAUDAMM-INGENIEUR

BIBER

Im tschechischen Landschaftsschutzgebiet Brdy sollte ein Staudamm für 1,2 Millionen Euro gebaut werden. Er wurde sieben Jahre lang geplant, es fehlte nur noch die Baugenehmigung. Doch dann bauten acht Biber in nur zwei Tagen mehrere Dämme an die Stelle – kostenlos und mit verbessertem Design!

Biber standen durch die Jagd kurz vor dem Aussterben, sind aber mittlerweile in vielen Teilen Europas wieder heimisch.

Lebensraum

Indem sie neue Feuchtgebiete schaffen, erhöhen Biber die Biodiversität und bieten bedrohten Arten einen Zufluchtsort.

ERFINDERIN

KLETTEN

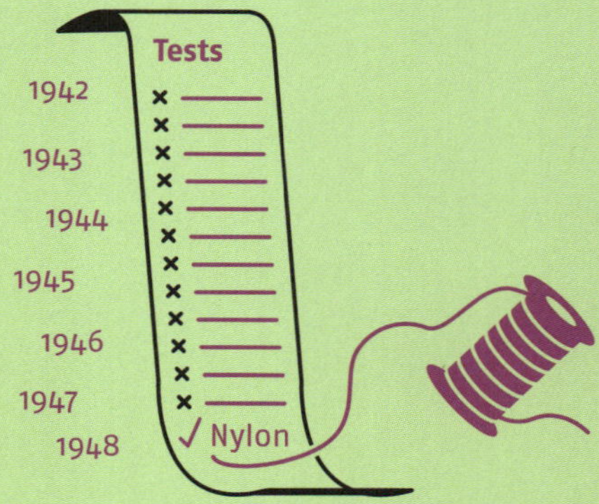

1941 untersuchte der Schweizer Ingenieur George de Mestral Kletten zum ersten Mal im Mikroskop. Er war fasziniert davon, wie oft Kletten an seiner Kleidung hängenblieben.

Nach Jahren des Testens unzähliger Materialien, um die Klettstruktur in puncto Stärke und Wiederverwendbarkeit zu imitieren, fand Mestral in Lyon das Material Nylon – das war der Durchbruch!

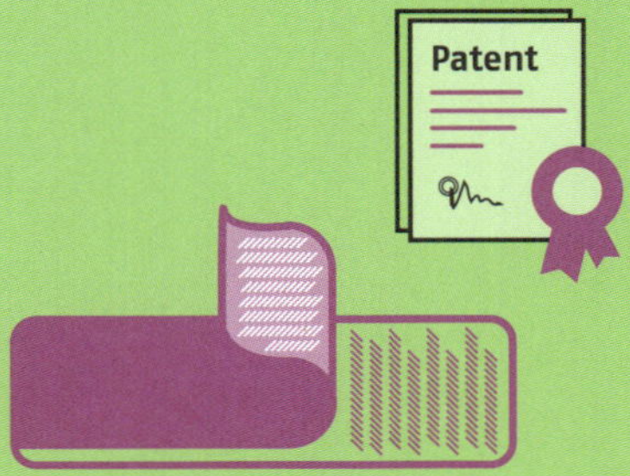

1951 meldete Mestral sein erstes Patent für den Klettverschluss an. Drei Jahre später wurde die Marke VELCRO aus den französischen Wörtern »velours« und »accrocher« (befestigen) geboren.

1960 gelang der globale Durchbruch. Bei der Apollo-11-Mission zum Mond 1969 wurden viele Werkzeuge und alltägliche Dinge im Raumschiff mit Klettverschluss befestigt, um der Schwerelosigkeit zu trotzen.

CONTENT CREATOR

SONNE

Die Sonne hat vor Millionen von Jahren angefangen, Content auf der Erde zu erstellen. Heute hat sie 8 Milliarden Follower. Sie ist die Hauptenergiequelle der Erde. Ohne sie gäbe es keine Wärme, keinen Regen und keine Nahrung. Um die gesamte Erdbevölkerung ausschließlich mit Solarenergie zu versorgen, bräuchte man übrigens einen Solarpark, der mindestens so groß wie Italien ist.

1 Stunde Sonne ...

… erzeugt genug Energie für Strom, Verkehr und Wärme für alle Menschen auf der Erde für ein ganzes Jahr.
(ca. 180 000 Terawatt)

CHEMIKERIN

MIKROBEN

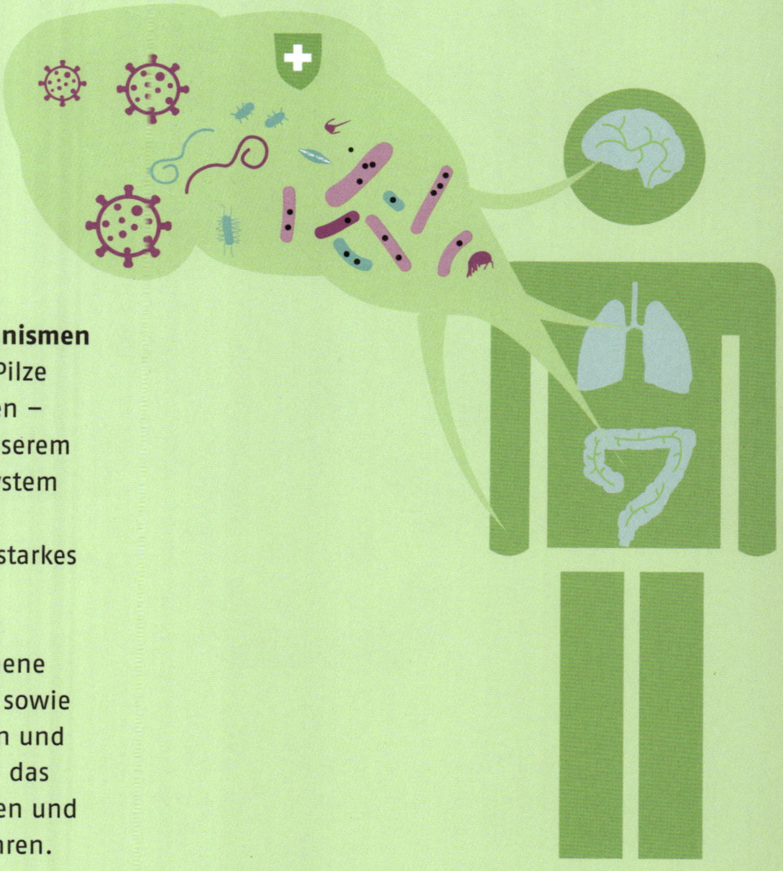

Billionen Mikroorganismen – Bakterien, Viren, Pilze und andere Mikroben – leben in und auf unserem Körper. Dieses Ökosystem sorgt für eine gute Verdauung und ein starkes Immunsystem.
Durch Nahrung oder Kontakt aufgenommene Pestizide, Fungizide sowie Industriechemikalien und Mikroplastik können das Mikrobiom schwächen und zu Erkrankungen führen.

ohne Tiere
& Menschen

Leben
möglich

Wenn auch stark eingeschränkt und mit großen Veränderungen der Ökosysteme: Ohne Menschen und Tiere gäbe es noch Leben auf der Erde.

ohne
Mikroben

kein Leben
möglich

Mikroorganismen produzieren 50 % des Sauerstoffs und 100 % des Stickstoffs. Ohne sie gäbe es keine Nahrung oder sauberes Wasser auf der Erde – die Grundlagen für Leben.

PIZZABÄCKERIN

BIENEN

Tomatensoße
mit Tomaten, die von von Bienen bestäubt wurden

Rund 70–80 % unserer Obst- und Gemüsesorten können nur durch Bestäubung wachsen. Diese Aufgabe übernehmen nicht nur 20 000 Bienenarten, sondern auch Schmetterlinge, Motten, Wespen, Fliegen, Käfer sowie Vögel und Fledermäuse.

Oliven
mal anders: bestäubt durch Wind

Peperoni
bestäubt durch Bienen und Wind

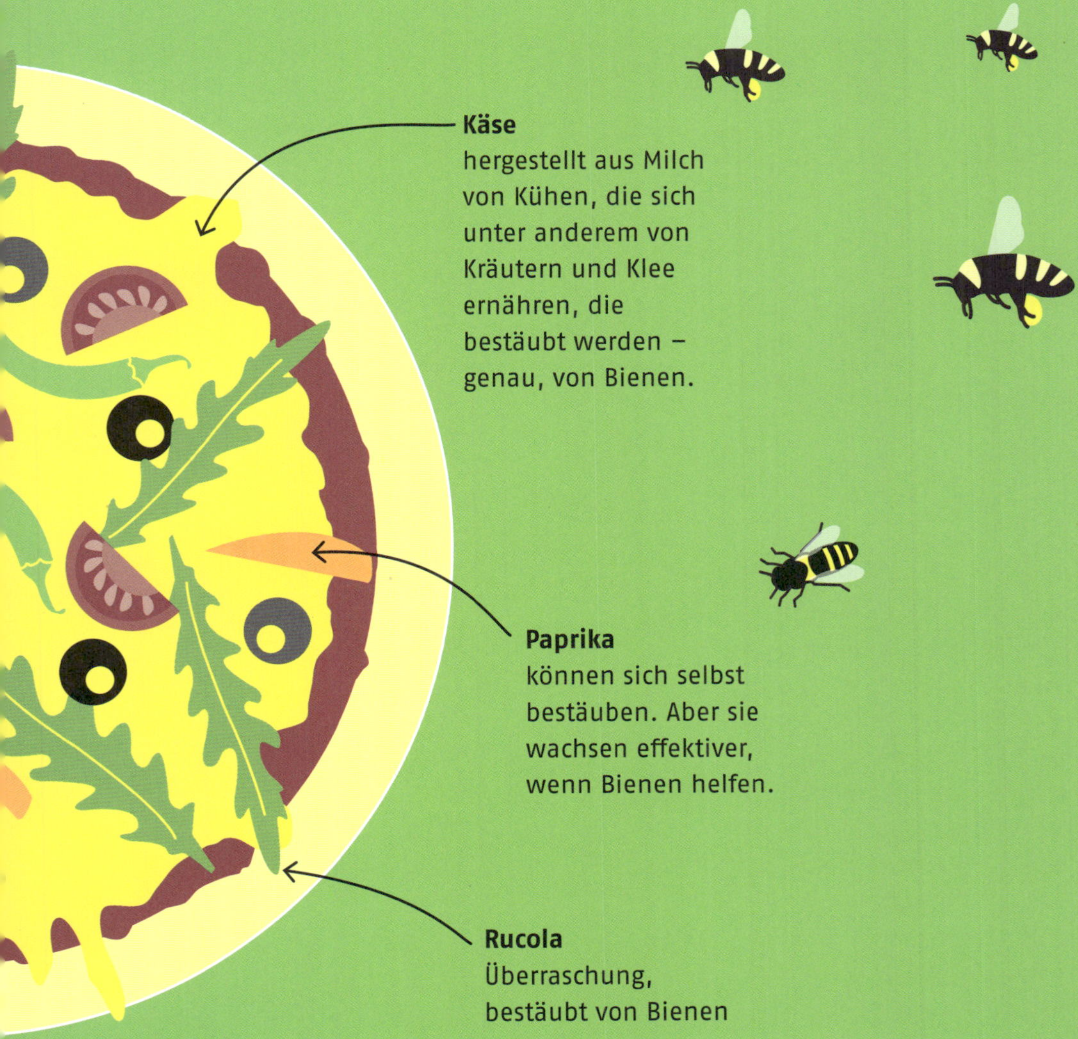
Käse
hergestellt aus Milch von Kühen, die sich unter anderem von Kräutern und Klee ernähren, die bestäubt werden – genau, von Bienen.
Paprika
können sich selbst bestäuben. Aber sie wachsen effektiver, wenn Bienen helfen.
Rucola
Überraschung, bestäubt von Bienen

WISSENSCHAFTLER

BELUGAWALE & BIENEN

Belugawale und andere Meeressäuger werden von Wissenschaftlern für kurze Zeit (z. B. 1–2 Monate) mit Sensoren versehen, damit sie Klimadaten sammeln. Diese Sensoren können u. a. Temperatur, Tiefe, Salzgehalt und Geschwindigkeit messen sowie Audio- und Videoaufnahmen erstellen.

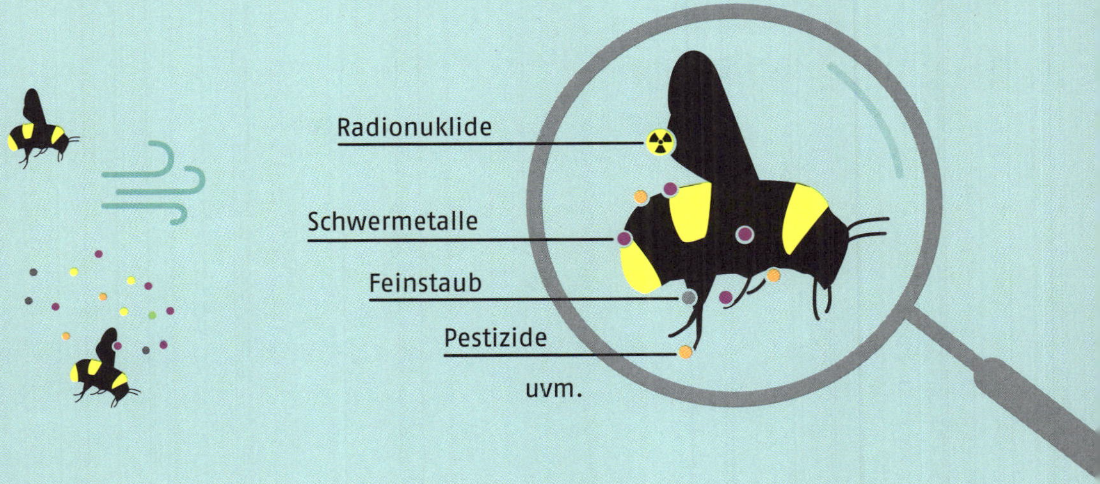

Bienen messen indirekt die Luftqualität. Sie fliegen täglich große Strecken und sammeln dabei feine Partikel aus der Luft ein, die an ihrem Körper haften.

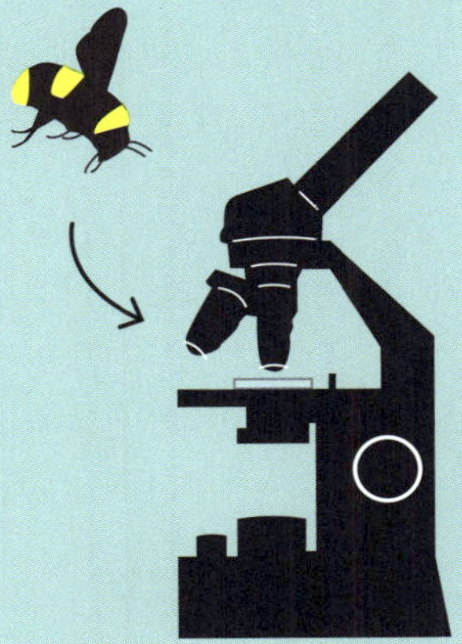

Wissenschaftler untersuchen einzelne Bienen im Labor und sammeln so Daten zur Luftqualität. Bienen gelten daher als idealer Bioindikator für Umweltveränderungen.

GÄRTNER

AMEISEN & WÜRMER

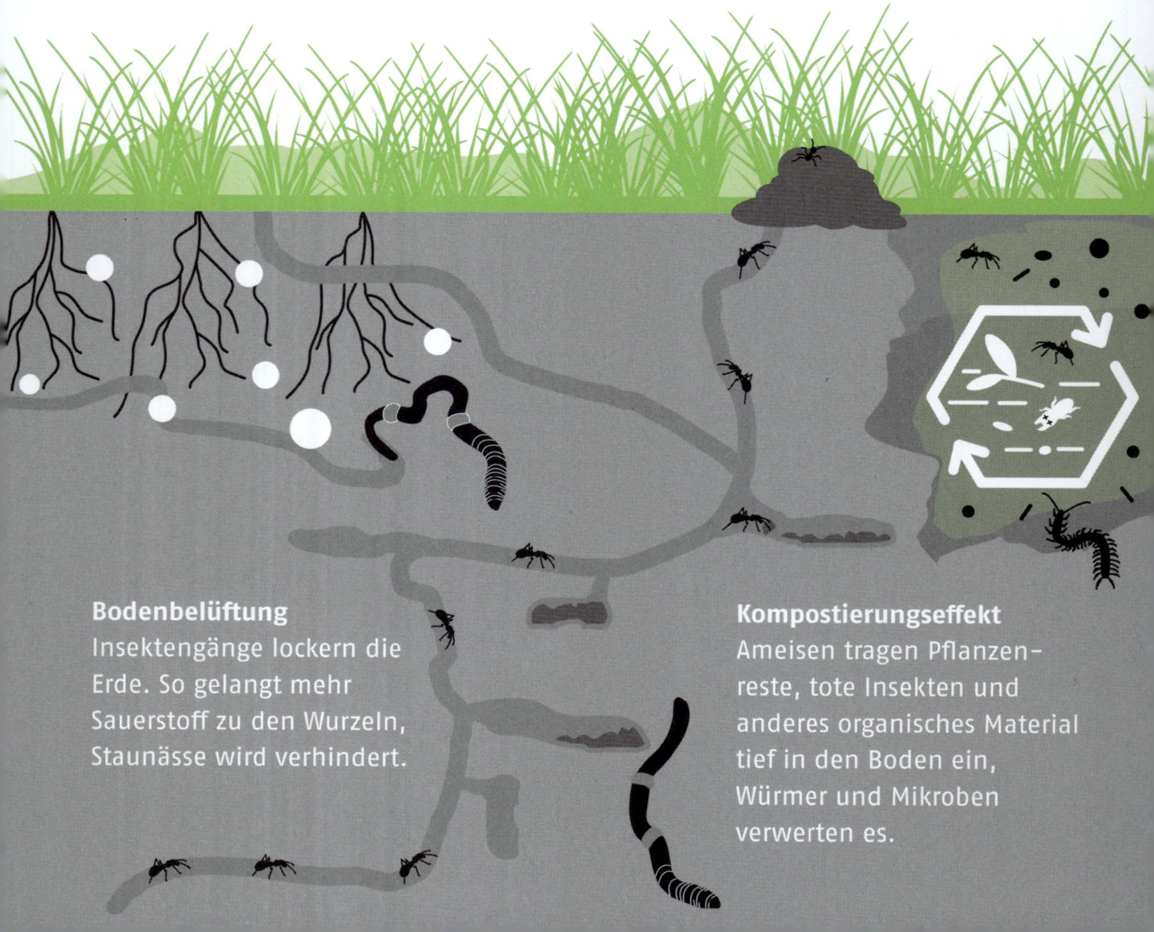

Bodenbelüftung
Insektengänge lockern die Erde. So gelangt mehr Sauerstoff zu den Wurzeln, Staunässe wird verhindert.

Kompostierungseffekt
Ameisen tragen Pflanzenreste, tote Insekten und anderes organisches Material tief in den Boden ein, Würmer und Mikroben verwerten es.

Nährstoffanreicherung
Durch Kompostierung werden mehr Stickstoff und Phosphor im Boden gespeichert.
So steigen Humusgehalt, Bodenqualität und Pflanzenwachstum.

Bodenfeuchtigkeit
Je mehr organisches Material, desto mehr Wasser kann der Boden speichern. Das hilft besonders in Dürrezeiten und bei Hitzewellen.

BEATMUNGSMASCHINE

PFLANZEN

Woher kommt der Sauerstoff?

**ca. 30–50 %*
Landpflanzen**
(Wälder)

**ca. 50–70 %*
Meerespflanzen**
(Phytoplankton)

*je nach Saison

Mithilfe von Sonnenlicht wandeln Pflanzen bei der Photosynthese in den Chloroplasten aufgenommenes Kohlendioxid und Wasser in Zucker um. Als Nebenprodukt entsteht Sauerstoff, den wir täglich ca. 21 600 Mal zum Atmen benötigen.

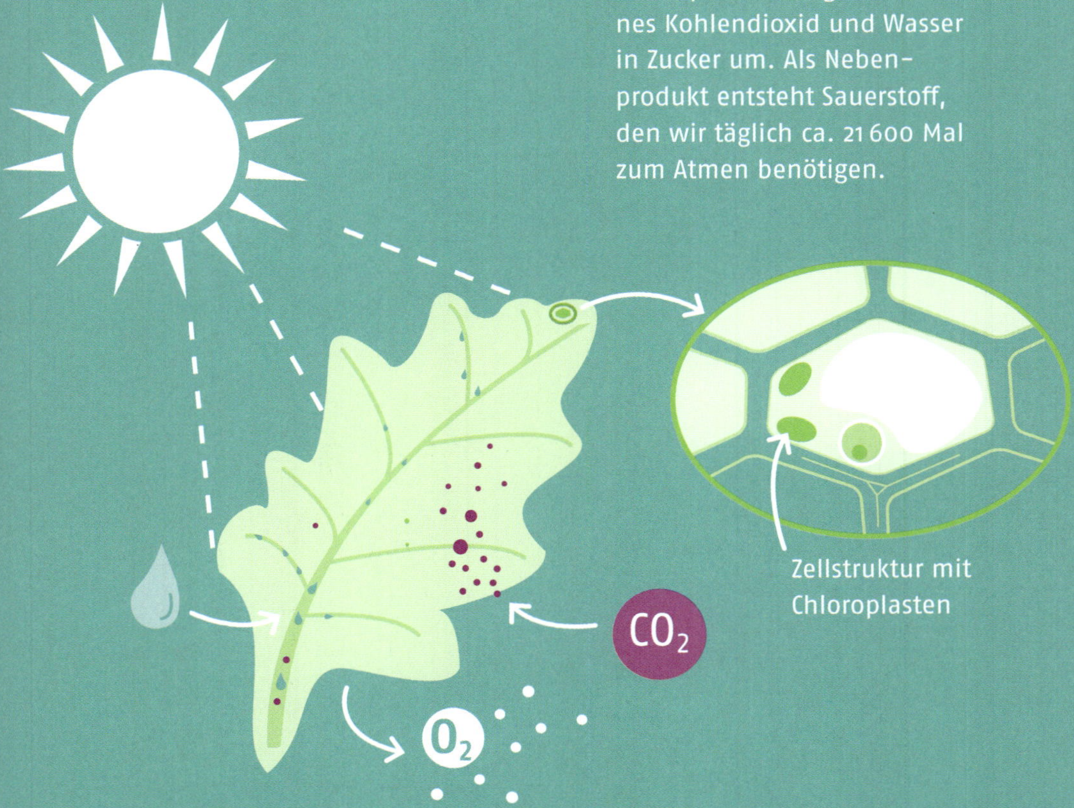

LUFTBEFEUCHTER

MEERE & PFLANZEN

Luftfeuchtigkeit entsteht durch Verdunstung in den …

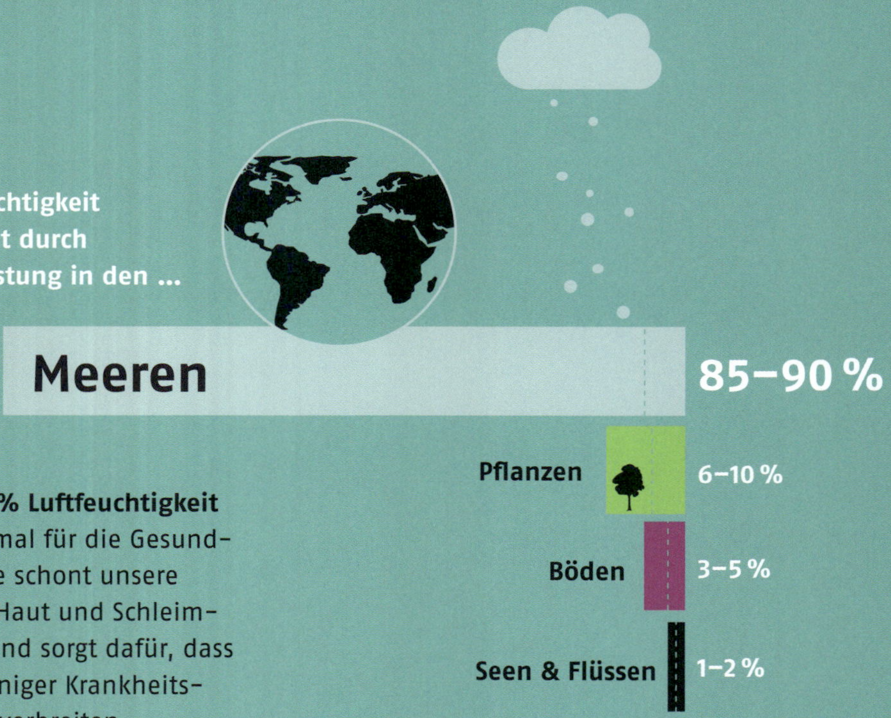

40–60 % Luftfeuchtigkeit ist optimal für die Gesundheit. Sie schont unsere Lunge, Haut und Schleimhäute und sorgt dafür, dass sich weniger Krankheitserreger verbreiten. Feuchte Luft* kann sogar gegen Schnarchen helfen!

*zu feucht ist wiederum auch nicht gut, >60 % Luftfeuchtigkeit kann Asthma verschlimmern und zu Schimmel führen

nicht infektiös
Rund 90 % aller Viren wären infektiös, wenn die Natur die Luft nicht feucht halten würde.

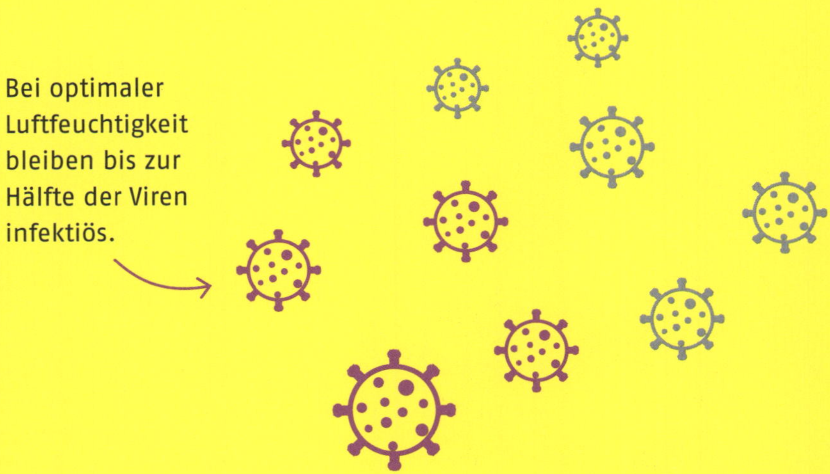
Bei optimaler Luftfeuchtigkeit bleiben bis zur Hälfte der Viren infektiös.

SPRITZENHERSTELLERIN

MÜCKEN

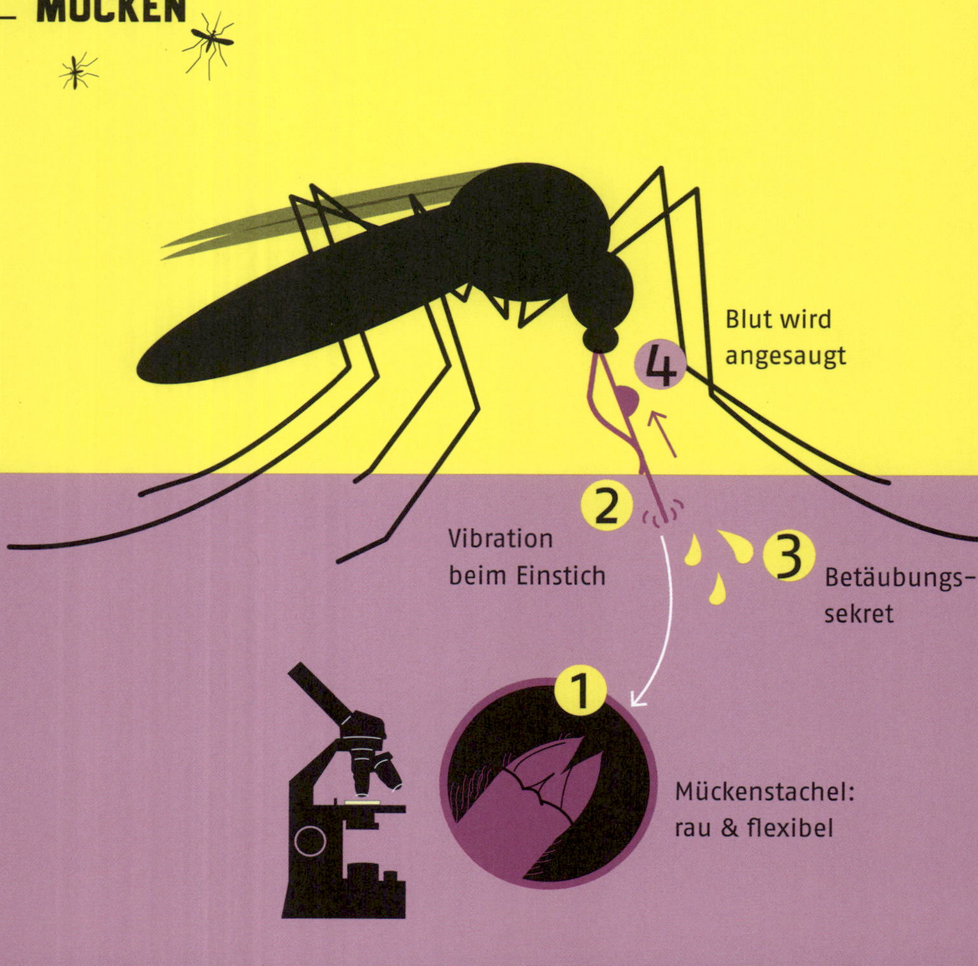

Von Mücken inspiriert, entstehen fast schmerzfreie Spritzen und Mikronadeln, die u. a. Diabetiker zum Blutzuckermessen oder Dermatologen für Therapien verwenden.

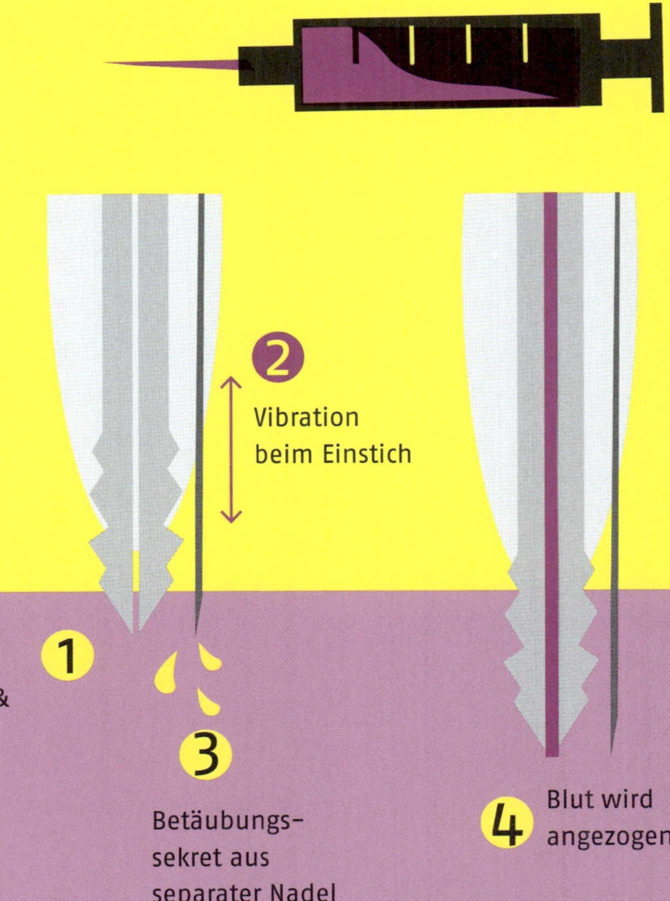

ÖKOSYSTEM-MANAGER

WÖLFE

Wölfe sind eine Schlüsselart. Sie halten das Gleichgewicht der Ökosysteme aufrecht, indem sie Tierpopulationen regulieren, das Nährstoffangebot verbessern (mehr tote Tiere) und die Artenvielfalt erhöhen.

Bieten Aasfressern Futter und sorgen für einen Boost im Nährstoffkreislauf.

Schutz vor Überweidung durch Jagd auf Pflanzenfresser. So haben Jungbäume bessere Chancen zu wachsen.
Regulieren die Anzahl kleinerer Raubtiere wie Füchse und helfen so Vogelpopulationen.
Verbessern die Gesundheit der Beutetiere durch Entfernung schwacher Tiere.
Schützen Flüsse: Die Reduktion der Pflanzenfresser führt zu einer verbesserten Vegetation, weniger Erosion und höherer Wasserqualität.

NÄHRSTOFF-KURIER

WALE

Buckelwale reisen jedes Jahr von den kühlen, nährstoffreichen Meeren der Arktis und Antarktis, wo sie sich fortpflanzen und Speckreserven anfressen, in die wärmeren subtropischen und tropischen Gewässer, um dort ihre Jungen zur Welt zu bringen.

46 000 Tonnen Biomasse wird jährlich von Grauwalen, Buckelwalen und Glattwalen von den Polen in die Tropen transportiert.

Wenn die Wale drei Monate in Hawaii leben, verdoppeln sie dort die Stickstoffmenge im Wasser und füllen so die Netze der Fischer: Der natürliche Dünger nährt die gesamte Nahrungskette vom Plankton bis zum Thunfisch.

Auf ihrer Reise bringen sie Nährstoffe wie Stickstoff in Form von Fäkalien, Plazenta, Milch und auch durch sterbende Kälber in die nährstoffarmen Gewässer ihres Zielgebiets und bringen so den Nährstoffkreislauf in Schwung.

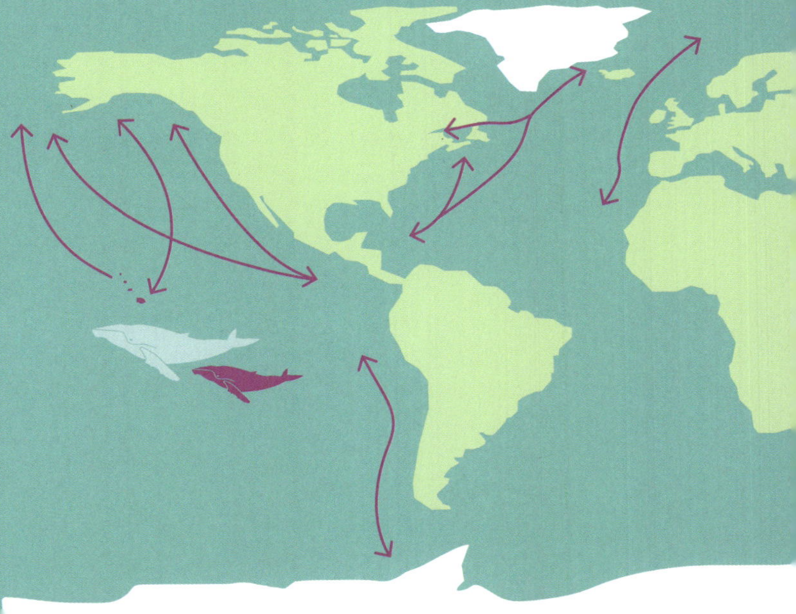

WEINSCHÜTZER

BÖDEN

Dürre und Hitze verändern den Wein:

- mehr Zucker
- mehr Alkohol
- weniger komplexe Aromen
- Verlust feiner Duftstoffe

Weinmenge

Weingeschmack

Bioweine:
6 % höhere Qualitätspunkte von Experten

Der Klimawandel setzt den Winzern zu. Bis 2050 soll sich die Weinproduktion in Bordeaux, der Rhône und der Toskana um 85 % verringern. Um das zu verhindern, brauchen sie die Natur: z. B. indem sie schattenspendende Bäume und Deckfrüchte wie Klee pflanzen, die Böden mit Kompost und Pflanzenkohle verbessern und dürreresistente Weinarten anbauen.

REISEVERANSTALTERIN

NATUR

Urlaub steht an? Strand, Meer, Wälder oder Berge? Erholung und intakte Natur gehen Hand in Hand. Rund 50 % der Deutschen wünschen sich daher ökologisch verträgliche Urlaubsreisen, denn sie wissen die Natur zu schätzen.

Mensch
Natur
28
Ø Urlaubstage im Jahr
in Deutschland

BERGRETTERIN

WURZELN

Schutzwälder spielen eine wichtige Rolle beim Schutz vor Erdrutschen und Lawinen. Ihre Wurzeln stabilisieren Böden und Hänge effektiv, während ihre Baumstämme und Büsche Geröll, Schlamm oder Schnee abfangen.

Ca. 63 Mio. Euro werden in der Schweiz jährlich für Schutzwälder ausgegeben.

Ca. **50 %**
der Wälder in der Schweiz sind offiziell als Schutzwälder klassifiziert und werden besonders gepflegt.

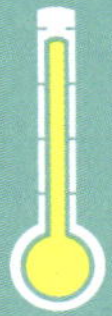

Durch den Klimawandel wird es in Zukunft häufiger zu Erdrutschen kommen. Ausgelöst werden sie unter anderem durch Starkregenfälle, Überschwemmungen oder Dürren.

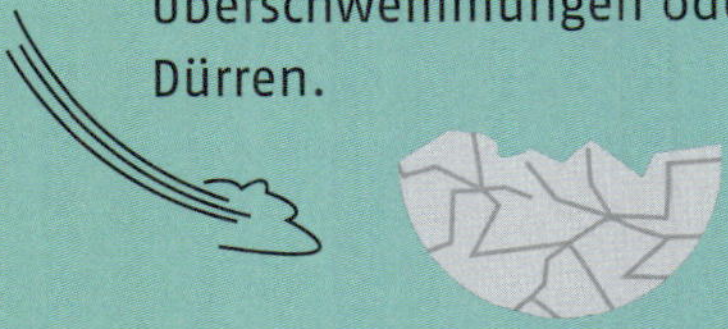

Ca. **654** **Mio. Euro**
werden in der Schweiz jährlich für Hangstabilisierungen in Erdrutsch-, Bergsturz- und Lawinengebieten ausgegeben.

AGRARSERVICE

KOHLMEISEN

Kohlmeisen fressen Raupen und andere Insekten.

Von April bis Juli werden Tausende Raupen an die Jungen verfüttert …

… genau dann, wenn die Apfelbäume am empfindlichsten sind!

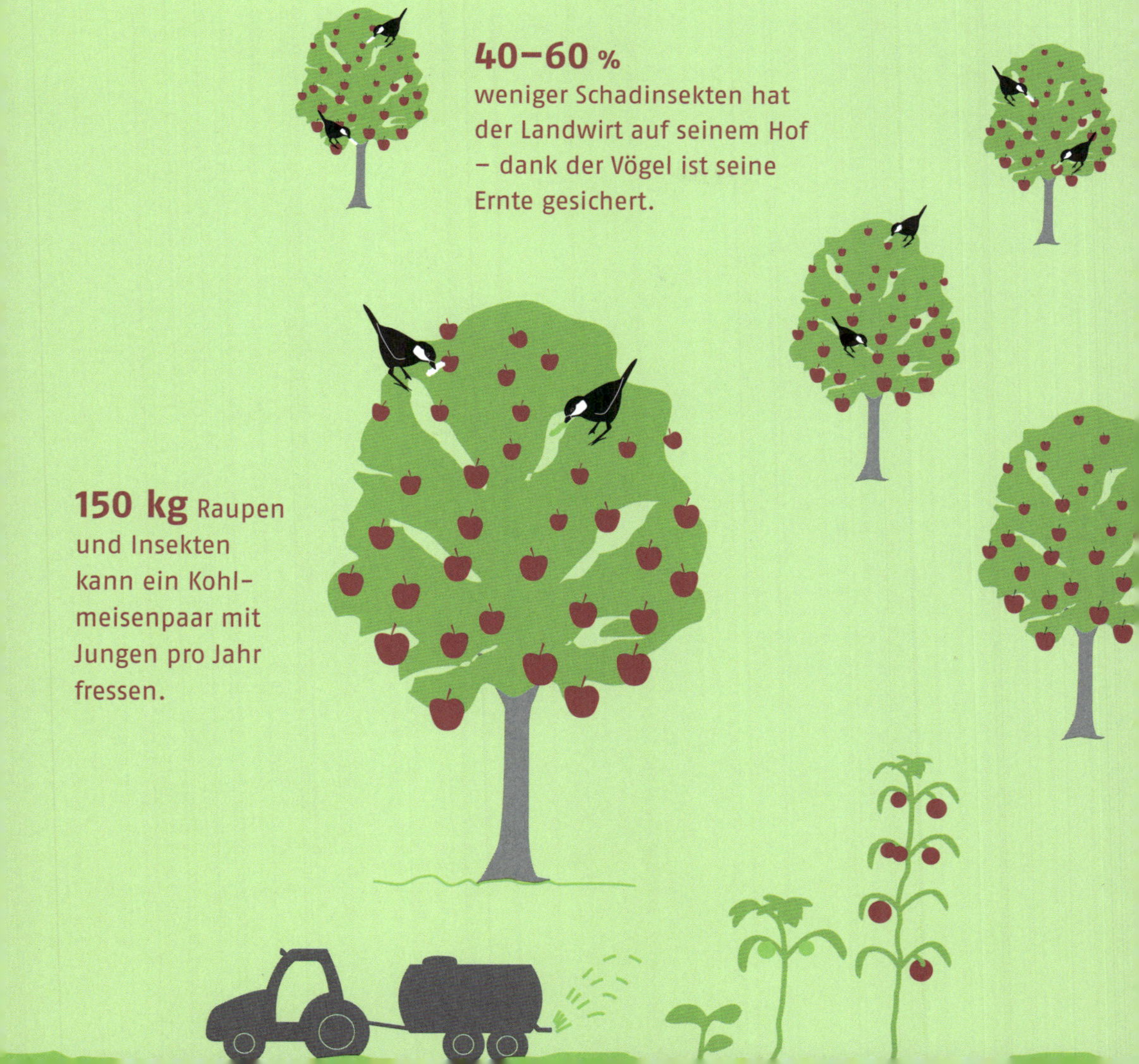

40–60 %
weniger Schadinsekten hat der Landwirt auf seinem Hof – dank der Vögel ist seine Ernte gesichert.

150 kg Raupen und Insekten kann ein Kohlmeisenpaar mit Jungen pro Jahr fressen.

SCHADENSBEGRENZER

NATUR

So viel CO_2 nehmen Ozeane, Böden und Pflanzen auf pro Jahr:

ca. **21** Mrd. Tonnen CO_2*

*Nettoaufnahme, Durchschnitt 2015–2024

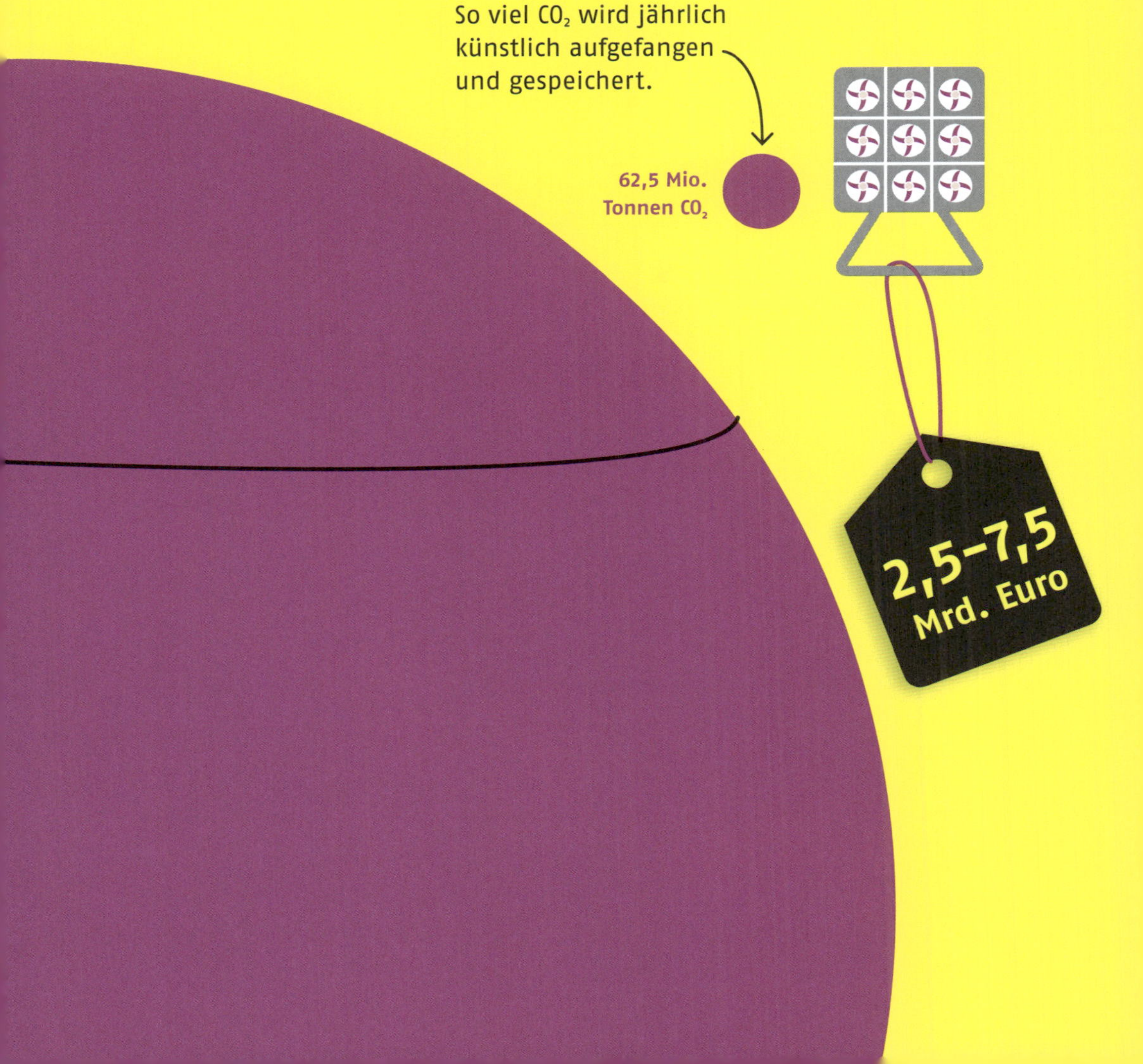
So viel CO_2 wird jährlich künstlich aufgefangen und gespeichert.
62,5 Mio. Tonnen CO_2
2,5–7,5 Mrd. Euro

LOGISTIKER

FLÜSSE & MEERE

Ein Binnenschiff transportiert so viel wie

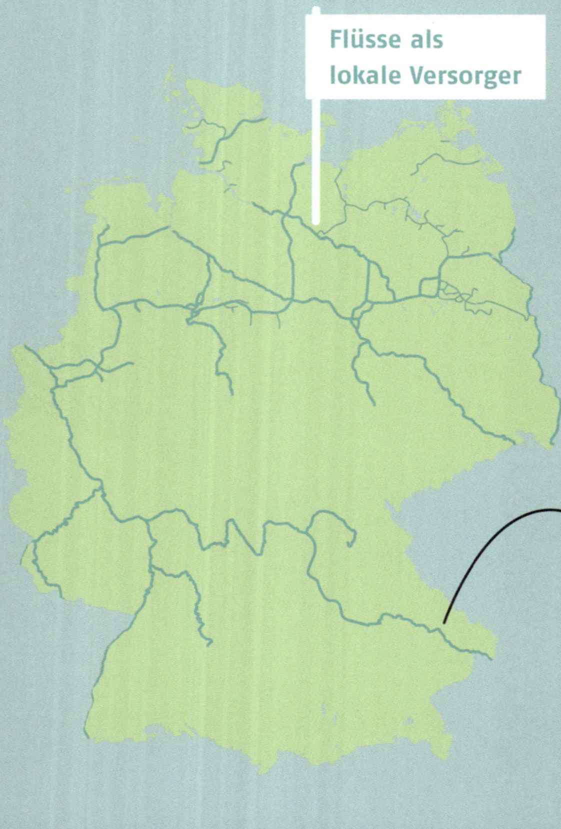

Knapp

7500 km

Flüsse und Kanäle sind in Deutschland als Bundeswasserstraßen ausgewiesen. 90 % davon werden für die Binnenschifffahrt genutzt.

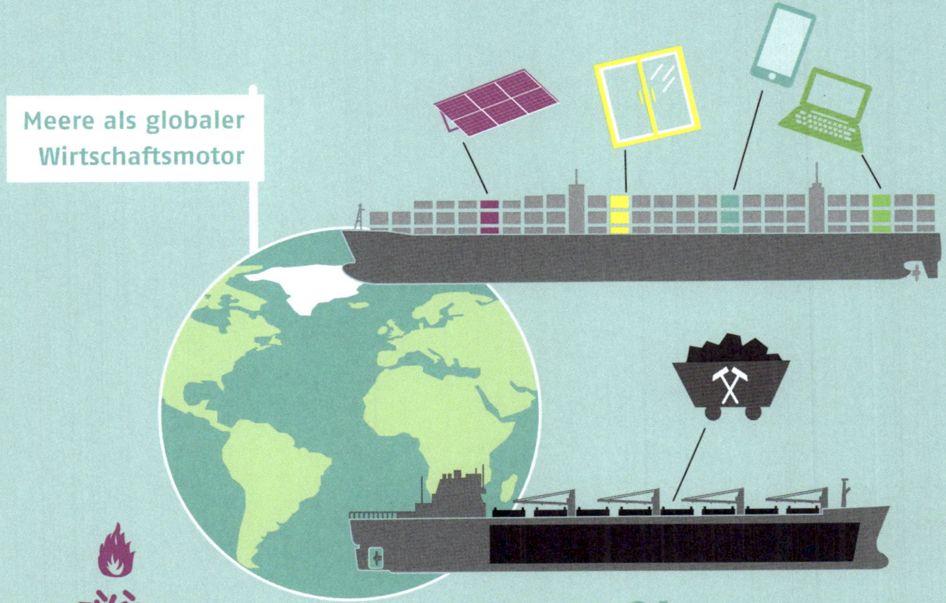

Ca. **90 %**
des Welthandels erfolgt über Seewege. Wenn durch Kriege oder Piraten Meerengen blockiert werden, steigen weltweit sofort die Preise für Güter wie Benzin.

GOURMET-SCOUT

TRÜFFELSCHWEINE

Schweine erschnüffeln das im Trüffel enthaltene Dimethylsulfid.
Neben Trüffelschweinen gibt es übrigens auch Trüffelhunde. Die haben den Vorteil, dass sie die hochpreisigen Trüffel nicht aus Versehen auffressen und bei der Suche länger durchhalten.

Trüffel senden Botenstoffe aus. Daraufhin wachsen die Wurzeln der Bäume zu den Trüffeln hin und sie tauschen Nährstoffe aus.

Trüffel wachsen nur unter bestimmten Baumarten, beispielsweise Eiche oder Haselnuss. Am besten sind alte Bäume mit einem großen Wurzelwerk.

600 – 6000 Euro kosten Trüffel pro kg – je nach Art.

Das stabile Mikroklima im Wald hilft, Hitze und Trockenheit abzufedern. Da Trüffel empfindlich auf beides reagieren, ist es schwer, sie zu züchten.

Trüffel sind Teil des unterirdischen Pilznetzwerks.

NÄHRSTOFF-AUTOBAHN

PILZE

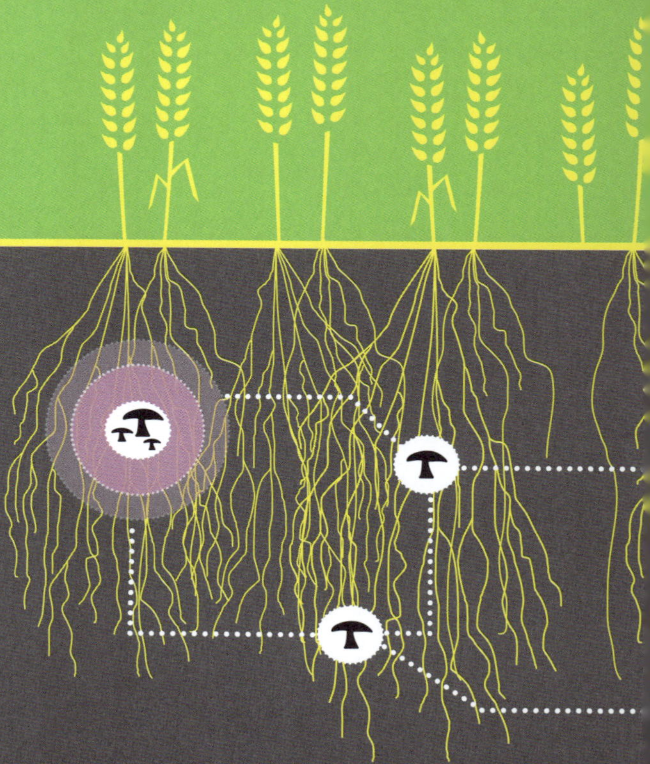

Dein Brot beginnt im Untergrund!
Bis zu 80 % der Nährstoffe Stickstoff und Phosphor erhalten die meisten Pflanzen durch das unterirdische Pilznetzwerk, mit dem sie in Gemeinschaft leben (Mykorrhiza). Je nährstoffärmer der Boden ist, desto eher lohnt sich diese Symbiose für die Pflanzen. Das gilt für alle Getreidearten, Kartoffeln und die meisten Leguminosen.

Landwirte düngen mit Mykorrhiza-Granulat damit unsere Nahrungsmittel besser wachsen.
Ph
Viele Ackerböden leiden unter Phosphormangel. Pilze können hier für eine höhere Nährstoffaufnahme und mehr Wachstum sorgen.
Bei sandigen und trockenen Böden können Pilze den Ertrag erhöhen und die Bodenfeuchtigkeit stabilisieren. Sie wirken wie ein Stressschutz.

DÜNGER

KLEE & CO.

0 Euro
kosten diese von der Natur bereitgestellten Düngemittel.

Gründüngung
Klee lebt in Symbiose mit Knöllchenbakterien an seinen Wurzeln. Diese binden Stickstoff aus der Luft (110 kg pro Pflanze und Jahr) und verbessern so den Boden. Auch Luzerne, Lupine, Erbse und Sojabohne können Stickstoff binden.

Tierische Naturdünger
Mist oder Gülle von Rindern, Pferden, Schweinen, Schafen oder Hühnern sowie Hornspäne und Knochenmehl liefern Stickstoff, Phosphor und Kalium und fördern die Humusbildung.

Pflanzliche Naturdünger
Kompost, Brennnesseljauche, Erntereste, Stroh und Grünschnitt versorgen Böden auf natürliche Weise mit Nährstoffen, verbesseren den Humusgehalt und fördern das Bodenleben.

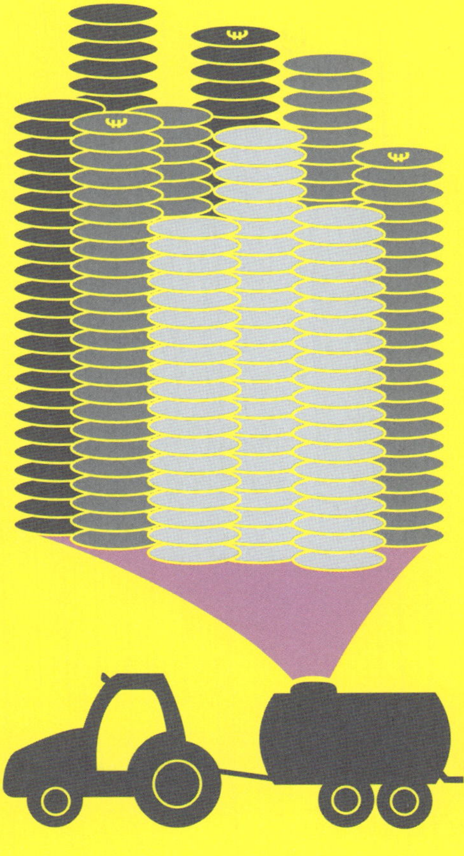

Ca.

2,7 Mrd. Euro

geben deutsche Landwirte jedes Jahr für Düngemittel aus.

STADTREINIGUNG

REGEN

Weniger Feinstaub in der Stadt: Regen wäscht Partikel aus der Luft. Auch staubige Gehwege und Straßen werden kostenlos gereinigt. Statt in Gullis zu verschwinden, sollte Regenwasser im Boden versickern können oder in Seen gespeichert werden. Das hilft zudem gegen Überflutungen.

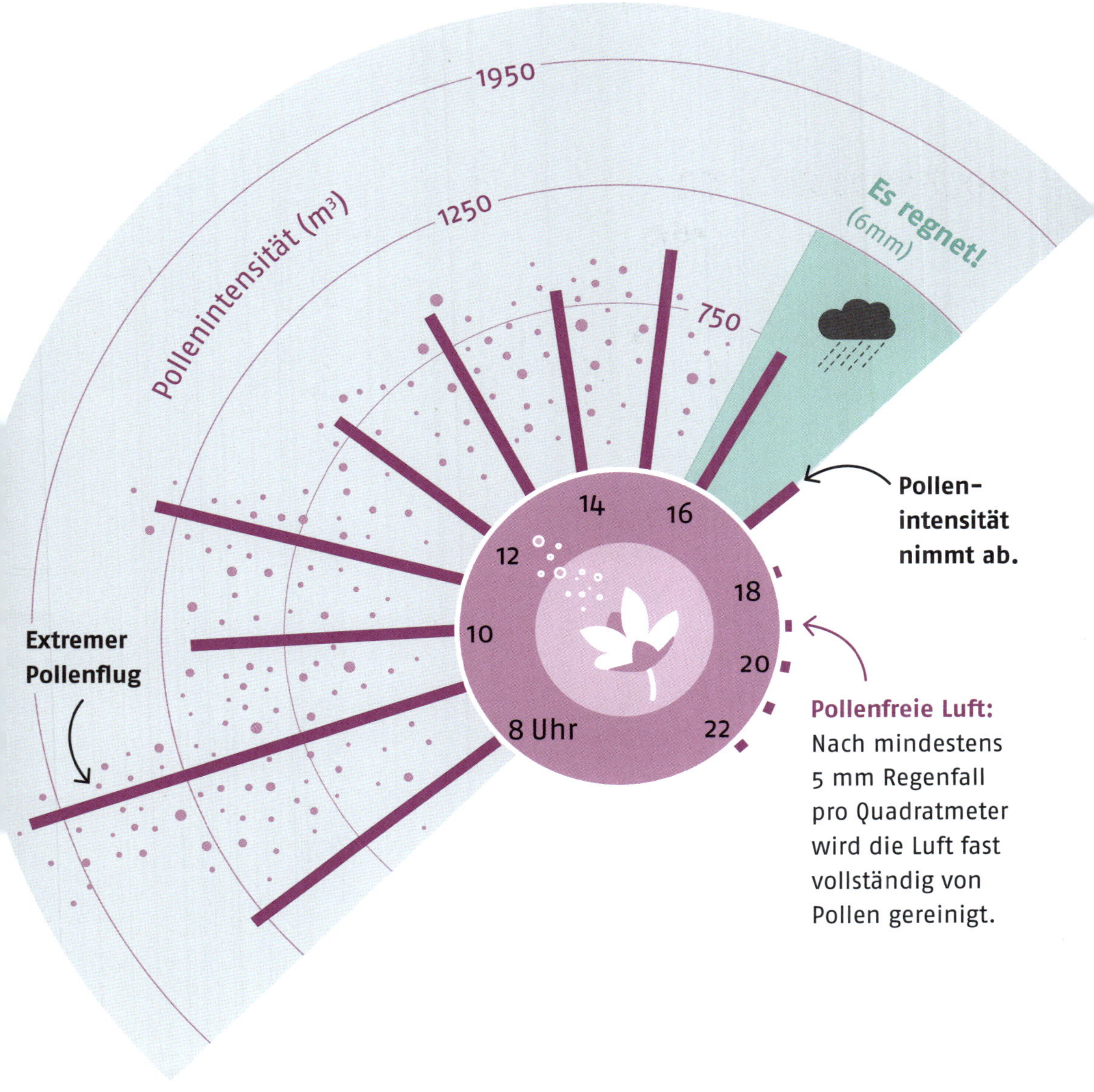

Pollenintensität (m³)
1950
1250
750
Es regnet!
(6mm)
8 Uhr
10
12
14
16
18
20
22
Extremer Pollenflug
Pollen-intensität nimmt ab.
Pollenfreie Luft:
Nach mindestens 5 mm Regenfall pro Quadratmeter wird die Luft fast vollständig von Pollen gereinigt.

INGENIEUR

AHORNSAMEN & CO

Dreht sich effizient und fliegt elegant.

Tragschrauber (Gyrocopter) mit Ahorn-Rotor-Technologie

TENSOR 600X
Fraundorfer Aeronautics

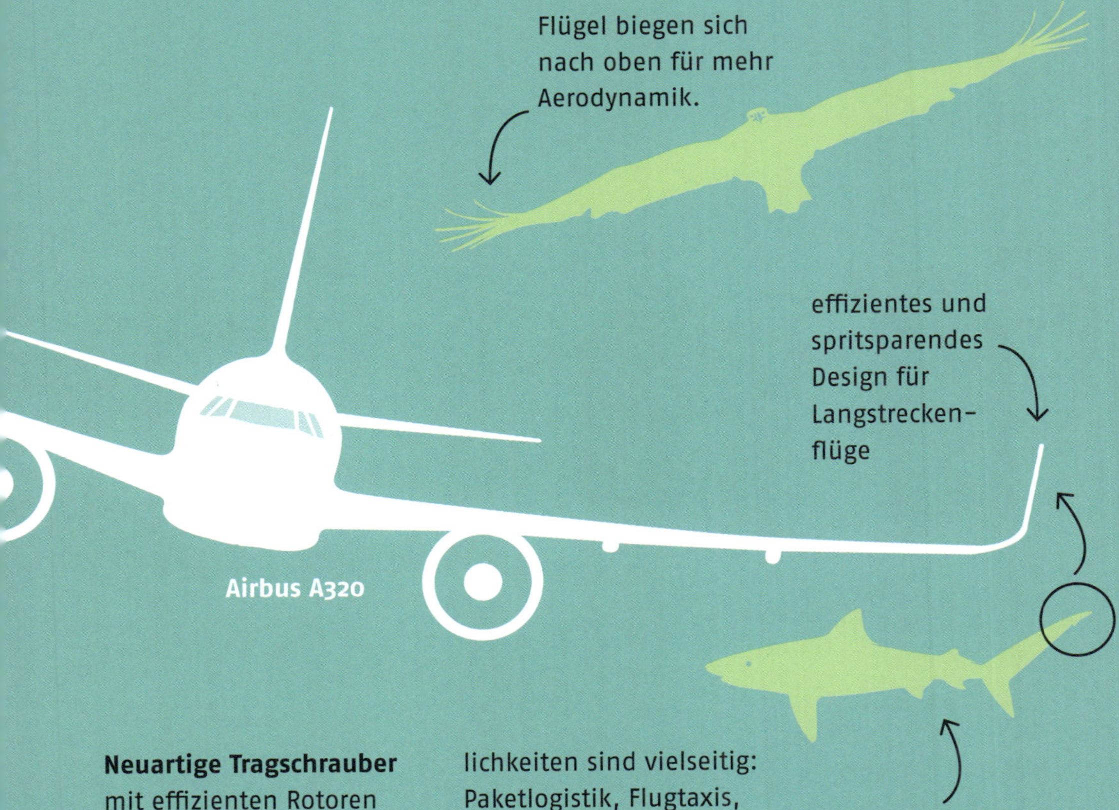

Neuartige Tragschrauber mit effizienten Rotoren werden nach dem Vorbild von Ahornsamen gebaut: ein Mix aus Hubschrauber, Flugzeug und Personendrohne. Die Einsatzmöglichkeiten sind vielseitig: Paketlogistik, Flugtaxis, Rettungseinsätze.
Auch die großen Airlines setzen bei Oberflächen und Flügelform auf Naturvorbilder wie Haie und Adler.

DÄMMPROFI

PINGUINE

Pinguine stehen in großen Gruppen dicht an dicht, wenn sie ihre Eier ausbrüten, um sich gegenseitig warm zu halten.

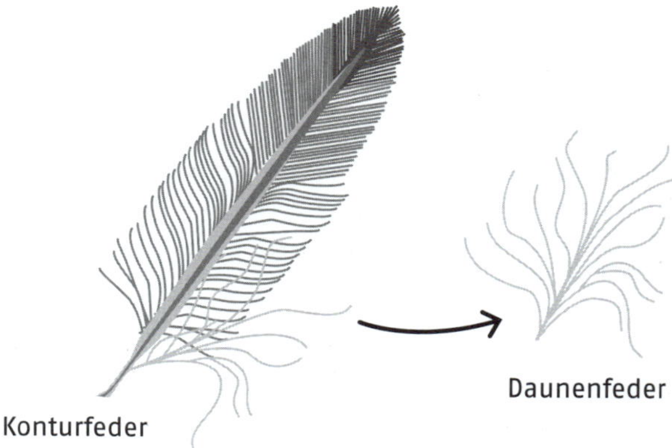

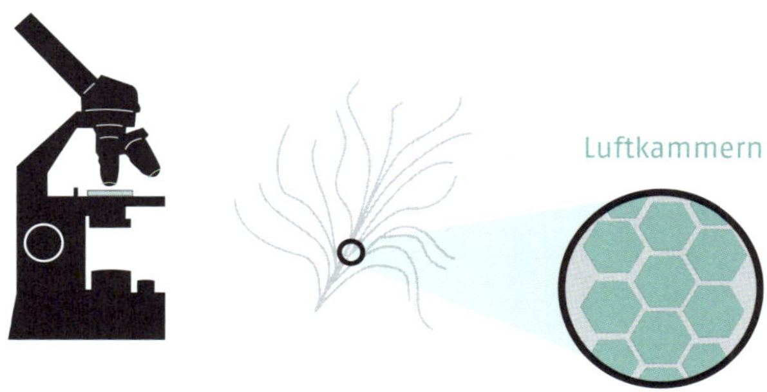

Pinguine bleiben dank ihres extrem dichten Federkleids auch bei −60 °C warm. Die Federn besitzen eine komplexe poröse Struktur mit vielen Luftkammern. Die dort eingeschlossene Luft wirkt als natürlicher Isolator und reduziert die Wärmeleitfähigkeit des Federkleids. Die besondere Struktur der Pinguinfedern dient als Vorbild für Dämmstoffe.

TEXTILLIEFERANTIN

NATUR

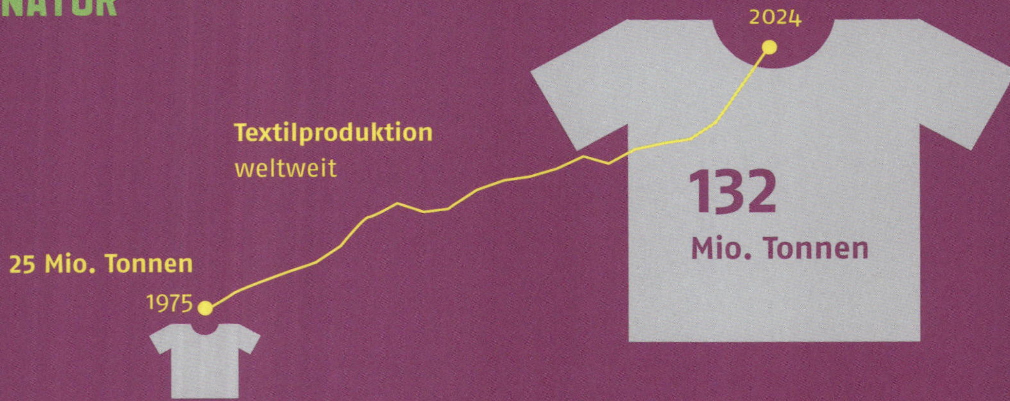

Polyester
→ Erdöl

Nylon
→ Erdöl (oder Rizinusöl)

Acryl
→ Erdöl

Ca. **60–65 %**

aller weltweit hergestellten Textilien sind rein synthetisch, hauptsächlich Polyester (50 %).

Ca. **35–40 %**

aller hergestellten Textilien sind aus pflanzlichen Fasern.

STROMLIEFERANT

FLÜSSE, WIND & SONNE

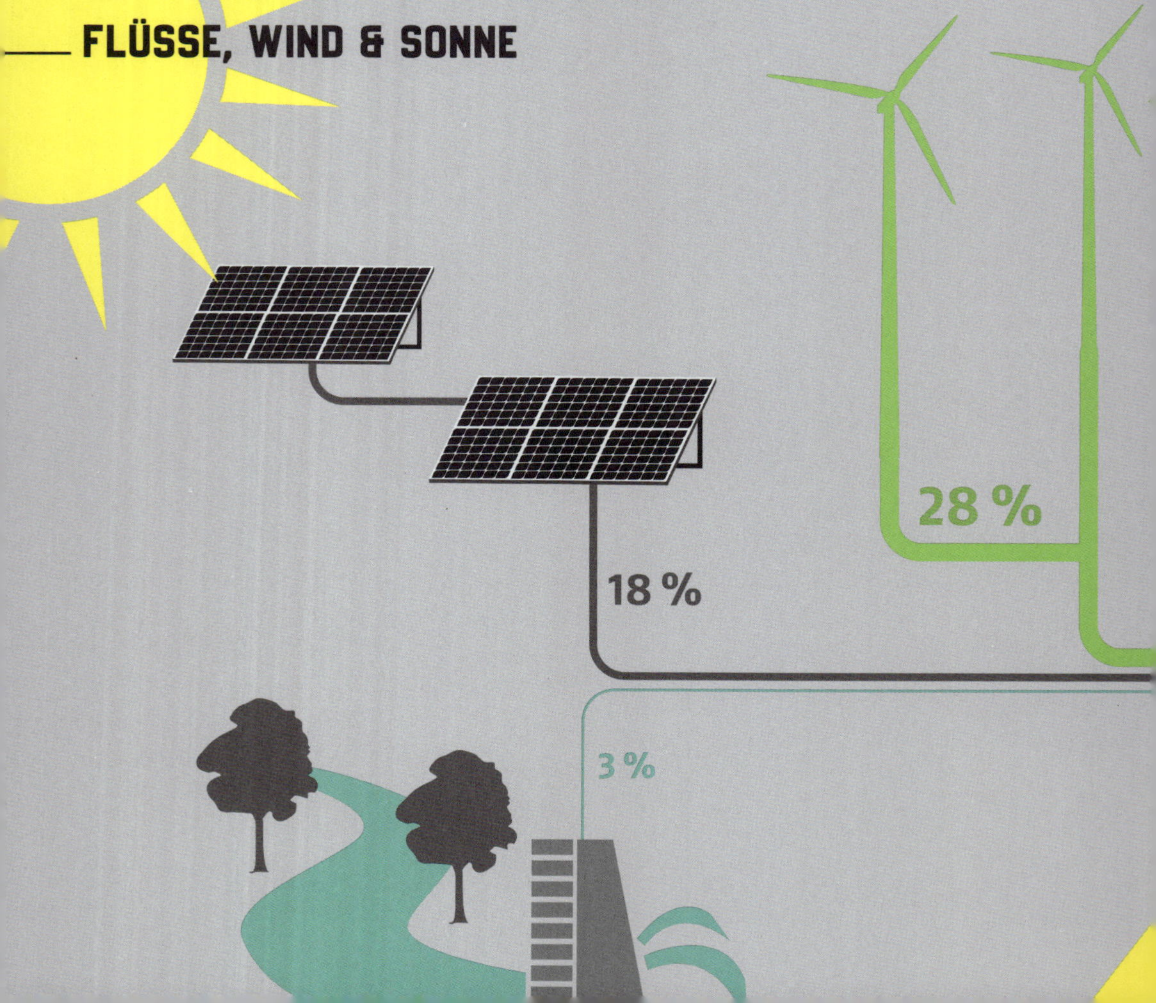

Rund 57 % des Stroms in Deutschland stammt bereits aus erneuerbaren Energien. Neben Sonne, Wind und Wasser gibt es noch Energie aus Biomasse, die rund 8 % des Energiemixes ausmacht.

METEOROLOGE

FRÖSCHE

Bei warmem Wetter werden viele Insekten aktiver. Laubfrösche klettern deshalb häufig höher in die Pflanzen, um leichter Beute zu finden.
Frösche sind Gesundheitsinspektoren: Sie reagieren besonders empfindlich auf verschmutzte Gewässer und zeigen früh, wenn ein Lebensraum aus dem Gleichgewicht gerät.

Kein Frosch im Feuchtgebiet? Wasserqualität testen!

LEBENSVERSICHERER

WASSER

Süßwasser macht nur einen winzigen Teil der Wasserreserven der Erde aus – und ist doch lebenswichtig. Eisschilde und Gletscher schmelzen durch die Erderwärmung immer schneller, während Flüsse und Seen in vielen Regionen häufiger Niedrigwasser führen. Die Wasserreserven zu schützen, wird zu unserer Lebensversicherung.

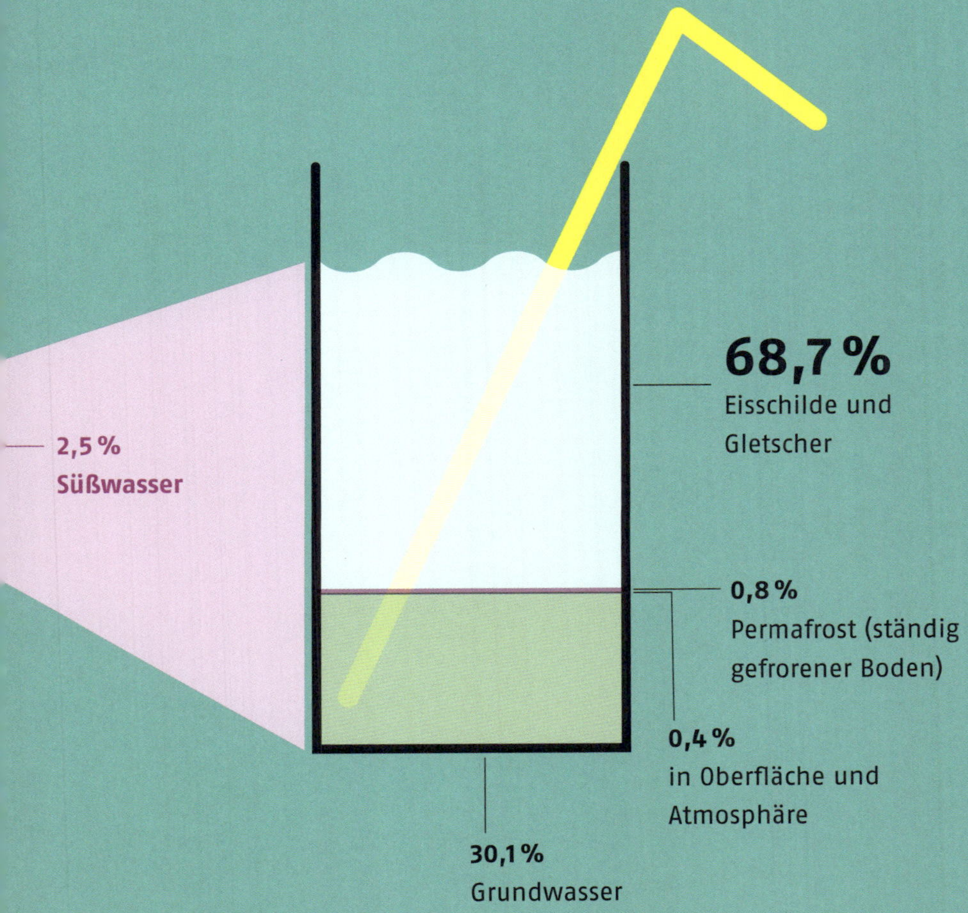
2,5 %
Süßwasser
68,7 %
Eisschilde und Gletscher
0,8 %
Permafrost (ständig gefrorener Boden)
0,4 %
in Oberfläche und Atmosphäre
30,1 %
Grundwasser

KLIMASTABILISATORIN

MEERE

Die Ozeane verlangsamen die Erderwärmung, indem sie den Großteil der zusätzlichen Wärme aufnehmen. Gleichzeitig beeinflussen sie Wetter und Klima weltweit: Erwärmt sich der tropische Pazifik rund um den Äquator ungewöhnlich stark, kann dies zu Extremwetterereignissen wie Dürren und Überschwemmungen von Asien über Australien bis Amerika führen. Dieses Phänomen wird El Niño genannt.

Wenn die Meere die zusätzliche Wärme nicht aufgenommen hätten …

Durchschnittstemperatur auf der Erde

51 °C

… dann wäre die Erde eine lebensfeindliche Sauna.

KATASTROPHENSCHUTZ

FEUCHTGEBIETE

Die Stars: Moore, Auen, Sümpfe, Salzwiesen und Feuchtwiesen

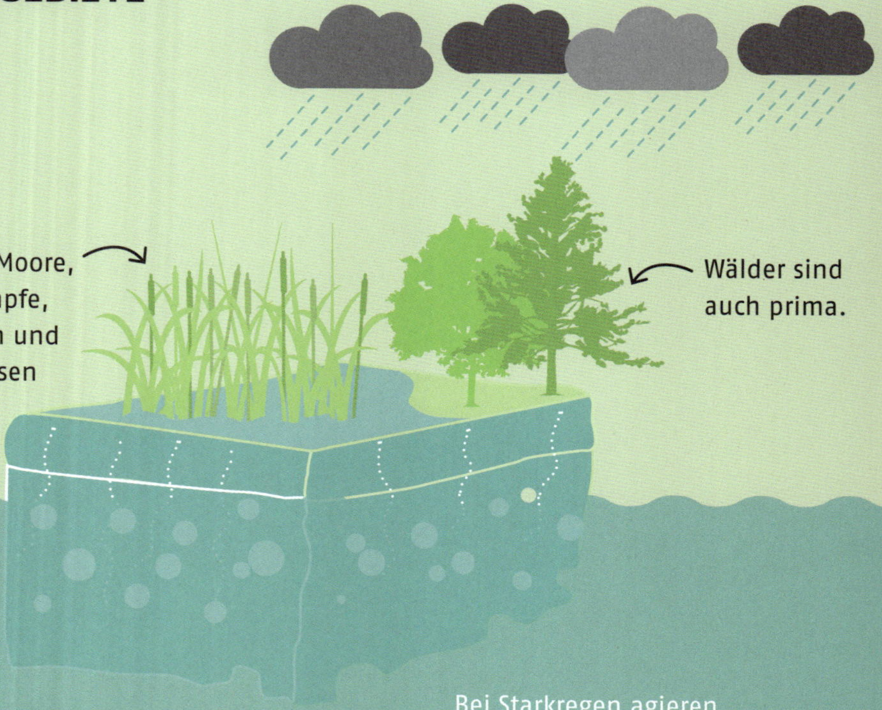

Wälder sind auch prima.

Bei Starkregen agieren Waldböden und Feuchtgebiete wie Schwämme und können Überflutungen verhindern.

Durch den Klimawandel folgt immer öfter Starkregen auf Dürreperioden.

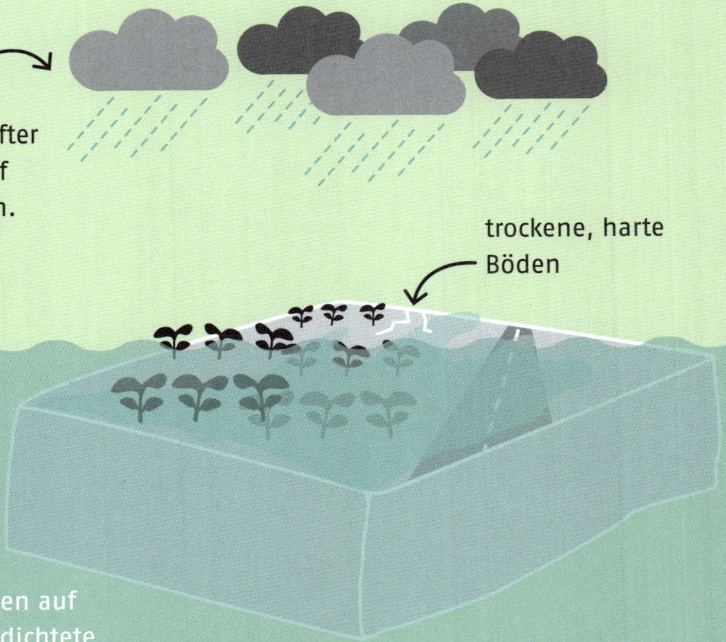

Wenn Regenmassen auf trockene oder verdichtete Ackerböden oder auf versiegelte Oberflächen wie Straßen treffen, kann das Wasser nicht im Boden versickern und es folgen Überflutungen oder Erosion.

LANDSCHAFTSGESTALTER

REHE & KÜHE

Große Pflanzenfresser verbreiten bis zu **70 Pflanzenarten** über Fell und Kot.

Kot und Urin liefern wichtige Nährstoffe. 1 Kuh produziert ca. 20–30 kg Kot pro Tag.

Gemäßigte Beweidung kann die Artenvielfalt um bis zu 71 % erhöhen: Durch selektives Fressen entstehen strukturreiche Landschaften (unterschiedliche Höhen und Pflanzenarten), die Lebensraum für Insekten, Vögel und Kleinsäuger bieten. Weideland gehört zu den artenreichsten Lebensräumen Europas!

KOMPOSTIERER

FLIEGEN

Schwarze-Soldatenfliegen-Larven sind Meister darin, das Recycling von Bioabfall zu beschleunigen. Jedes Jahr verschwindet ein riesiger Berg aus Abfall – weil die Natur ihn recycelt. Allein unsere globalen Lebensmittelabfälle würden jährlich einen Kompostberg von bis zu 1,05 Milliarden Tonnen bilden.
Dazu kommt organischer »Abfall« aus Wäldern, Meeren und der Landwirtschaft – zig Milliarden Tonnen pro Jahr, die zu neuen Lebensgrundlagen verarbeitet werden.

Komposthaufen der globalen Lebensmittel-abfälle eines Jahres
Ganz Jamaika (10 830 Quadrat-kilometer) würde unter 1 Meter Kompost verschwinden.

MEDIKAMENTENLIEFERANT

HEILPFLANZEN

In Deutschland sind 440 heimische Heilpflanzen bekannt, weltweit werden rund 28 000 Heilpflanzen genutzt. Sie helfen nicht nur als Hausmittel, sondern auch in lebenswichtiger Schulmedizin: in der Krebsmedizin, bei Herzkrankheiten oder Malaria.

30 %

aller Arzneistoffe sind rein synthetisch.

Bis zu 70 %
aller Arzneistoffe sind aus pflanzlichen Stoffen abgeleitet.

MEDIZINTECHNIKER

NACKTSCHNECKEN & GECKOS

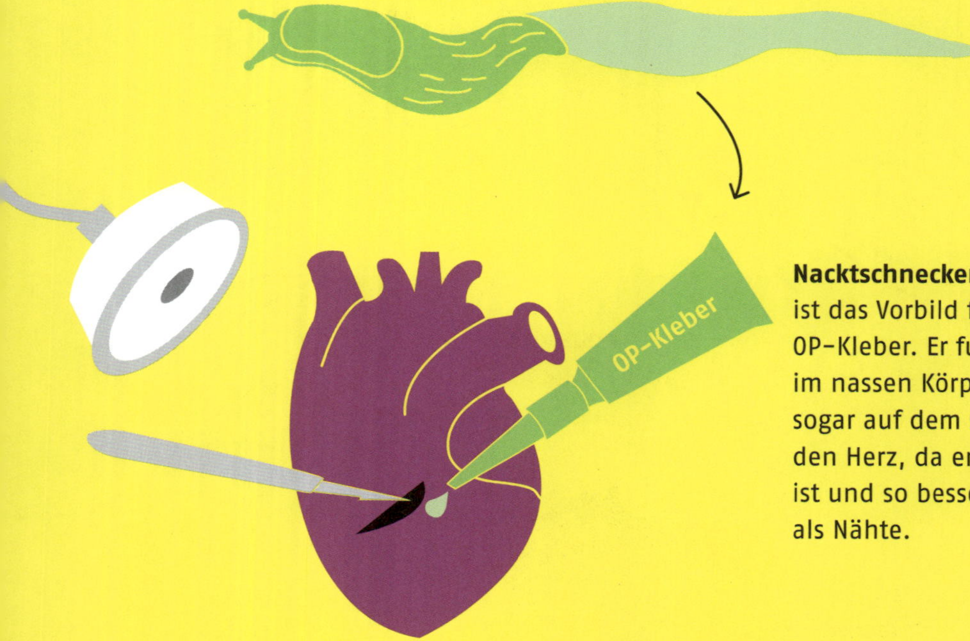

Nacktschneckenschleim ist das Vorbild für einen OP-Kleber. Er funktioniert im nassen Körper und sogar auf dem schlagenden Herz, da er flexibel ist und so besser hält als Nähte.

Geckos trotzen scheinbar der Schwerkraft, z. B. wenn sie an vertikalen glatten Fliesen hochlaufen. An ihren Füßen sind Millionen von feinen Härchen, die die Haftung ermöglichen. Sie sind das Vorbild für wiederverwendbare Pflaster, die schonend für die Haut sind. Außerdem wurden nach ihrem Vorbild Haftsysteme für Implantate entwickelt, die ganz ohne chemischen Kleber auskommen.

Die Gecko-Fußsohlen haben eine enorme Haftkraft von bis zu **140 kg/cm².**

Gecko-Fuß mit winzigen Härchen unter dem Mikroskop

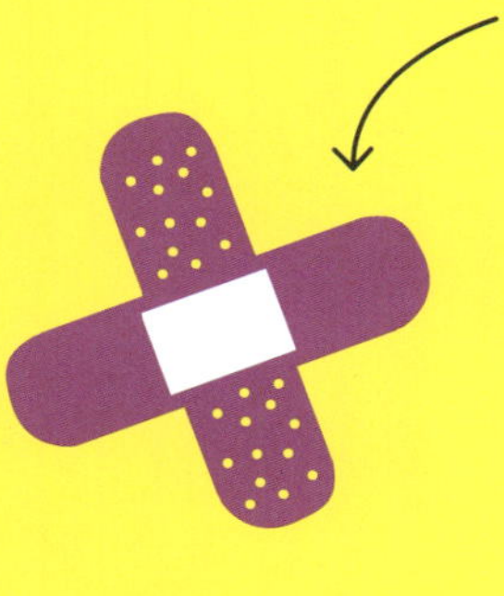

HISTORIKER

EIS & SEDIMENTE

Die Eisschilde in der Antarktis und in Grönland archivieren das Klimawissen der letzten 800 000 Jahre. Anhand von Bohrkernen, die mehrere Kilometer lang sind, werden die Eisschichten analysiert.

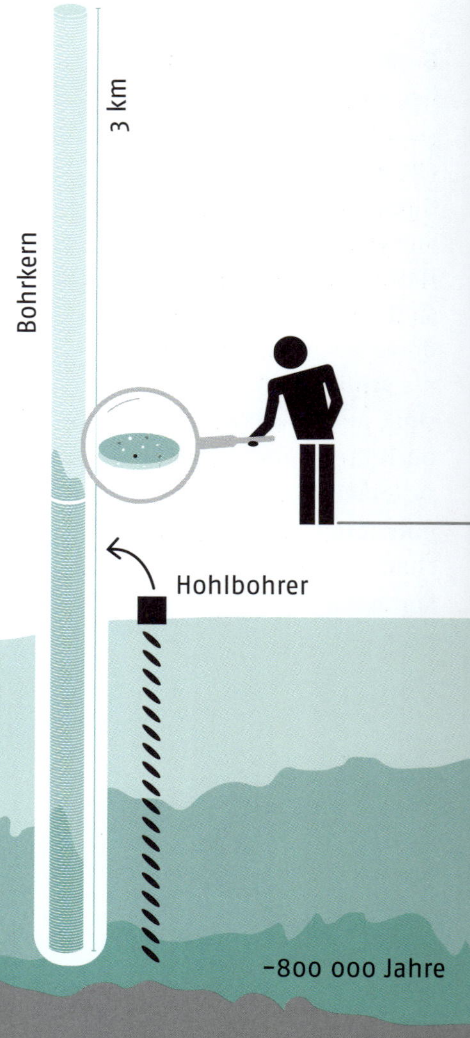

Mastodonten (Mammutart) lebten auf Grönland vor 2 Millionen Jahren, als es noch nicht von Eis bedeckt war. Ihre DNA wurde in Sedimentproben gefunden.

Historische Daten wie Temperatur und CO_2-Gehalt in der Atmosphäre sind in winzigen Bläschen im Eis eingeschlossen. Im Sommer schmilzt die obere Eisschicht leicht an, was Spuren hinterlässt – wie Jahresringe im Baumstamm.

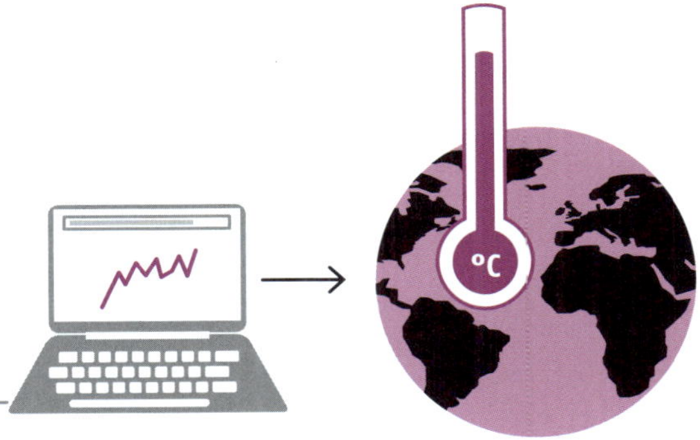

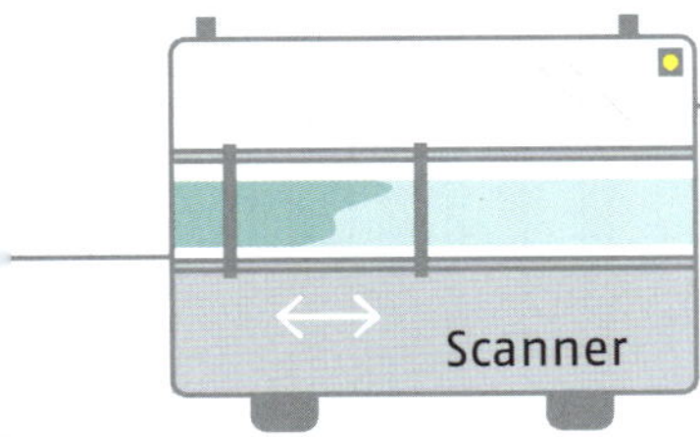

Zusammen mit Daten aus Meeressediment-bohrungen und Perma-frost rekonstruieren Klimawissenschaftler das vergangene Erdklima und modellieren das zukünftige.

WASSERFILTER

FEUCHTGEBIETE

1 Hektar Feuchtgebiet reinigt

0,5–1 Mio.
Liter pro Tag

VS.

Feuchtgebiete reinigen Wasser mithilfe von Pflanzen und Mikroorganismen. Sie filtern Schadstoffe, binden Nährstoffe und verbessern so die Wasserqualität auf natürliche Weise.

30–60 Hektar

Feuchtgebiete wären je nach Art nötig, um die Wassermenge an einem Tag zu reinigen, die für die Bierproduktion des Oktoberfests 2025 benötigt wurde.

1 Wasseraufbereitungsanlage reinigt

1 Mio.

Liter pro Tag

Wasseraufbereitungsanlagen kleinerer Größe reinigen täglich bis zu eine Million Liter Wasser – ähnlich viel wie ein Hektar Feuchtgebiet. Mit dem Unterschied, das die Anschaffung Millionen kostet.

KULTURBEAUFTRAGTE

TANNEN

Viele kulturelle Traditionen sind eng mit der Natur verbunden – ein Paradebeispiel ist der Weihnachtsbaum. Jährlich werden in Deutschland rund 25–30 Millionen davon verkauft. Doch zwei Drittel der Bäume sind mit Pestiziden belastet, darunter sogar Wirkstoffe, die in der EU nicht zugelassen sind. Das gefährdet die Artenvielfalt – und bringt unerwünschte Chemie ins Wohnzimmer. Wer das vermeiden will, greift besser zum Biobaum.

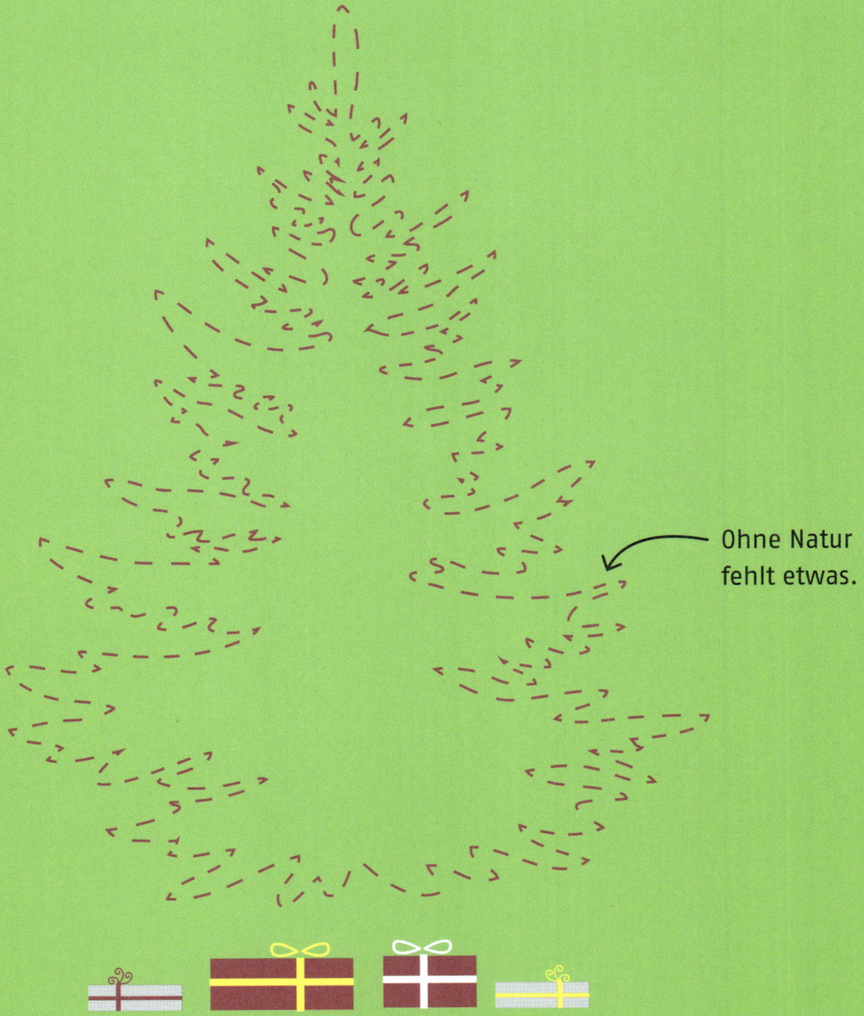
Ohne Natur
fehlt etwas.

GUERILLA-GÄRTNER

EICHHÖRNCHEN

Eichhörnchen tragen mit nicht ausgebuddelten Wintervorräten maßgeblich zur Aufforstung, Artenvielfalt und Klimaresilienz der Wälder bei: In Europa werden jährlich geschätzte 500 Millionen Bäume von Eichhörnchen »gepflanzt«.

Die vergessenen Samen keimen und entwickeln sich zu Bäumen.

SCHÄDLINGSBEKÄMPFER

HAUSWINKELSPINNEN

ARMUTSBEKÄMPFER

FISCHE

Ineffiziente Entwicklungshilfen? Fische machen das um einiges besser ...

>50 %

In vielen ärmeren Küstenländern Afrikas und Asiens besteht die Hälfte des Proteins auf dem Teller aus Fisch, oft selbstgefangenem. Er hilft mit seinen Nährstoffen, Hunger und Mangelernährung zu bekämpfen.

Jährlich werden 90 Millionen Tonnen Fisch gefangen. Leider sind viele Fischarten durch die industrielle Fischerei überfischt. Würden wir nachhaltig fischen und den Fischbeständen Zeit zur Erholung geben, könnten jedes Jahr bis zu 20 Millionen Tonnen Fisch zusätzlich gefangen werden.

Ca. **90 %**

aller Fischereibeschäftigten arbeiten in der Kleinfischerei.

Fast **500** Mio.

Menschen verdienen direkt oder indirekt durch Kleinfischerei ihren Lebensunterhalt. Etwa 40 % der Beschäftigten sind Frauen.

71 Mrd. Euro

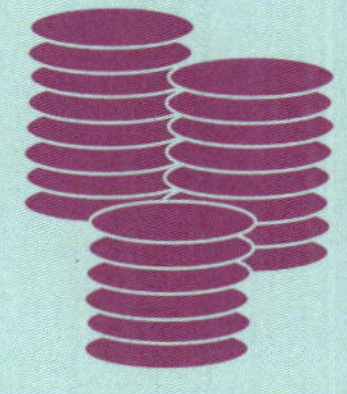

ist der direkte Wert der Fänge der weltweiten Kleinfischerei. Indirekt hängt jedoch eine ganze Wirtschaftskette am Fisch: Von der Ausrüstung zum Fangen über den Handel und die Gastronomie bis hin zum Tourismus beträgt der Wirtschaftswert ca. 130–200 Milliarden Euro pro Jahr.

PASSIVHAUS-ARCHITEKT

WEBERVÖGEL

Siedelweber in Namibia bauen riesige Gemeinschaftsnester aus geflochtenen Grashalmen, in denen ganze Vogelkolonien leben können. Die meterbreiten Nester sind durchzogen von luftgefüllten Hohlräumen, die eine exzellente Dämmung bieten. Sie schützen die Vögel vor den extremen Temperaturschwankungen der Wüste: von der Hitze tagsüber bis zu den frostigen Nächten.

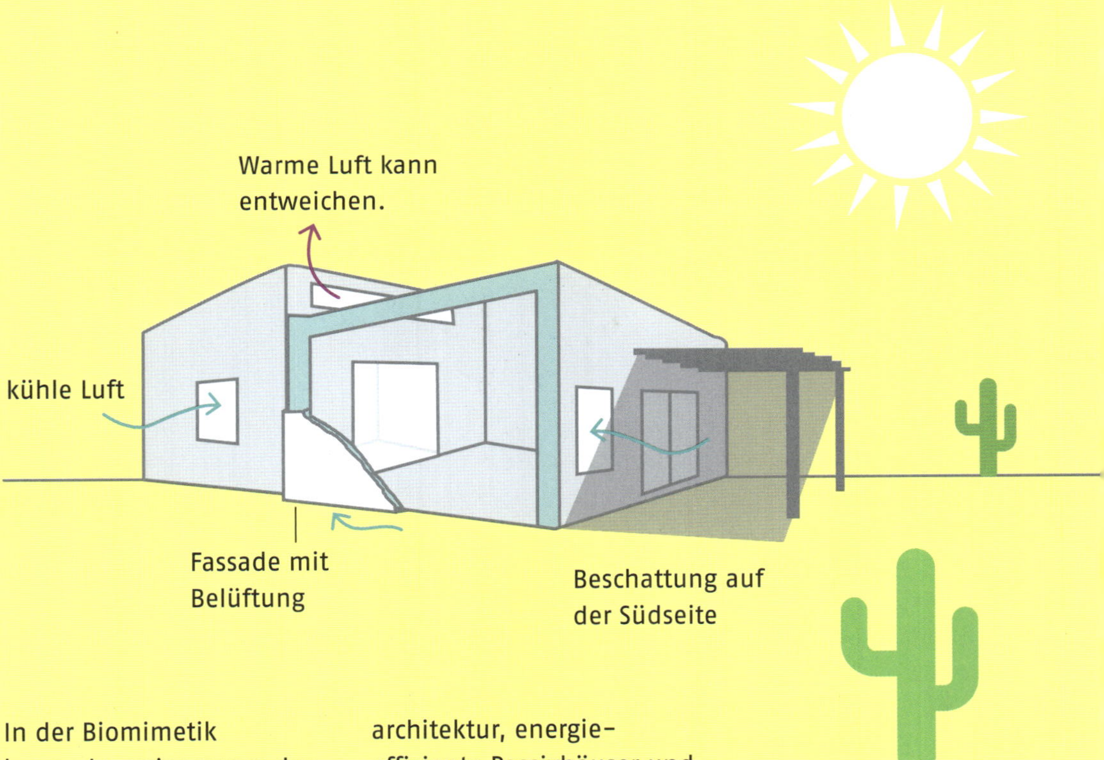

In der Biomimetik lernen Ingenieure von der Natur. Die riesigen Gemeinschaftsnester der Siedelweber dienen z. B. als Vorbild für klima-angepasste Gebäude. Ihre Bauweise inspiriert unter anderem Wüsten-architektur, energie-effiziente Passivhäuser und vorgebaute Fassaden mit verstellbaren Belüftungs-hohlräumen, die Gebäude im Sommer kühlen (offen) und im Winter (geschlossen) warm halten.

BAUSTOFF-LIEFERANTIN

NATUR

Seit Jahrtausenden liefert die Natur die Rohstoffe für unsere Häuser, Tempel und Burgen. Holz, Lehm, Stroh, Stein und viele weitere natürliche Materialien bilden die Grundlage menschlicher Bauwerke. Auch heute stammen wichtige Baustoffe aus natürlichen Ressourcen: Kalkstein und Ton werden zu Zement verarbeitet, während Sand und Kies zu Beton werden.

Sandstein, Granit

Sandstein, Lehm

Stein

Holz, Rinde

Holz, Lehm, Reet

Holz, Rinde

BODENSCHÜTZER

LAUB

Laub ist wertvoll: Es fördert die Biodiversität, kann im Komposthaufen oder als Mulch eingesetzt werden. Von Mikroben zersetzt, wird es zu Humus. Es liefert dem Boden Nährstoffe, die von den Wurzeln aufgenommen werden und so das Wachstum der Pflanzen verbessern.

Feinstaub gefährdet die Gesundheit.
Ist so laut wie ein Press-lufthammer (>100 Dezibel)
Gebläse tötet Insekten.
Besser: Laubhügel unter Bäume und Sträucher harken
Lebensraum für Bodenlebewesen
Bietet Nahrung für Vögel
Dünger: Stickstoff, Phosphor & Kalium
7 N
15 P
19 K
C
Kohlenstoff-lieferant
C
C

LUXUSGÜTER-HERSTELLER

NATUR

Luxusgüter der Natur

Diamanten, Perlen, Fossilien, Trüffel, Gold: Naturprodukte kurbeln unsere Wirtschaft an und machen einige Menschen ziemlich reich. Oft dauert ihre Produktion Jahrmillionen. In anderen Fällen ist sie abhängig von unversehrter Natur: Perlen brauchen konstante Meerestemperaturen, Trüffel wachsen nur in gesunden, unkontaminierten Böden.

KLIMAANLAGE

BÄUME

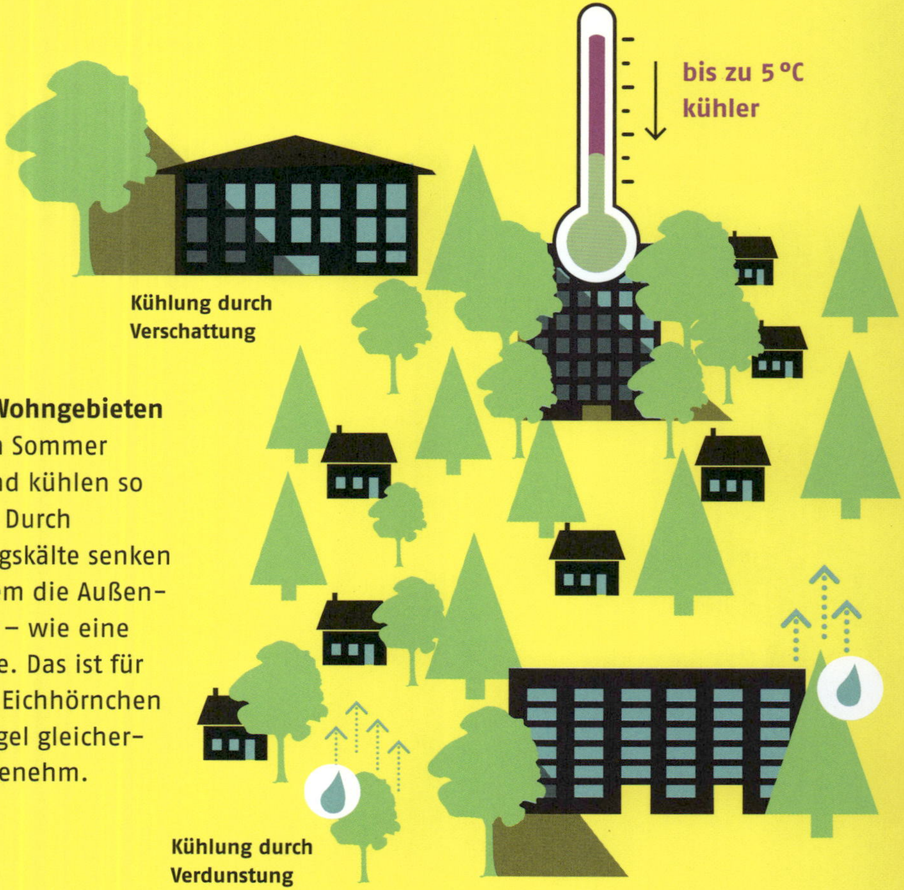

Bäume in Wohngebieten spenden im Sommer Schatten und kühlen so die Häuser. Durch Verdunstungskälte senken sie außerdem die Außentemperatur – wie eine Klimaanlage. Das ist für Fußgänger, Eichhörnchen und Singvögel gleichermaßen angenehm.

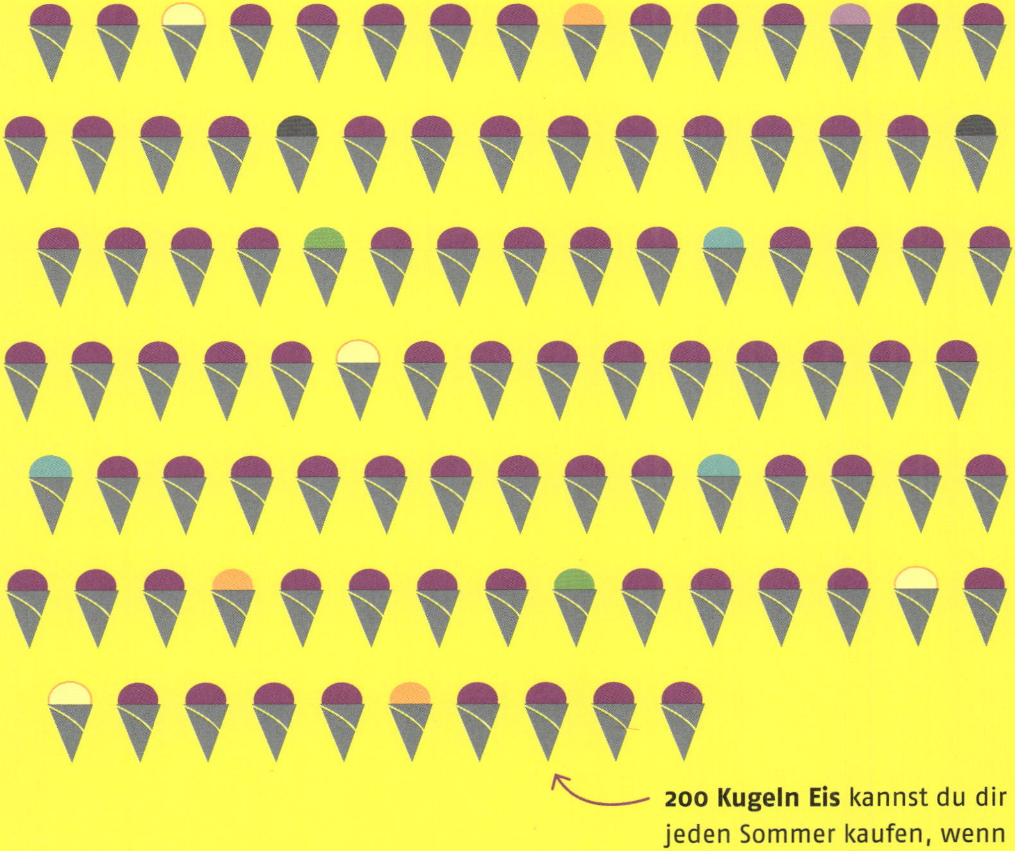

200 Kugeln Eis kannst du dir jeden Sommer kaufen, wenn Bäume dir den Strom für die Klimaanlage ersparen – von den Anschaffungskosten ganz zu schweigen!

WELLNESSOASE

WÄLDER

35 %

der Fläche Deutschlands ist bewaldet: 11,5 Millionen Hektar. Davon sind nur 0,3 % naturnahe Wälder.

Positive Effekte des »Waldbadens«:

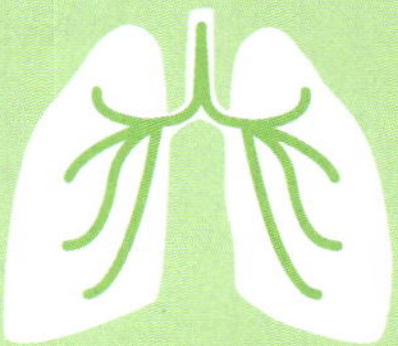

Es befreit Atemwege.

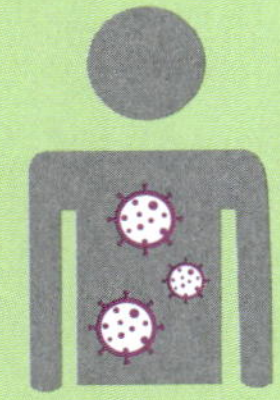

Es steigert die Produktion von Antikrebszellen.

Es stärkt das Immunsystem.

Es verbessert die psychische Gesundheit.

Es senkt den Blutdruck.

Sich im Wald aufzuhalten, hat nachweislich positive Effekte auf die Gesundheit. Durch das Einatmen der Aromen des Waldes wird das Immunsystem angeregt. Die Waldgeräusche beruhigen unser Nervensystem. Daher eignen sich am besten Wälder, die frei von Lärm sind, hohe Luftqualität haben und Windschutz bieten.

TEMPERATURREGLER

WOLKEN

Tagsüber hält eine dichte und niedrige Wolkendecke die Erde kühl, indem sie einen Großteil der einfallenden Sonnenstrahlung zurück ins All reflektiert. Nachts hält sie die Erde etwas wärmer, indem sie wie eine dünne Decke einen Teil der Wärmestrahlung von Land und Meeren abfängt.
Wolken regulieren das Klima und produzieren genug Regen, um Nahrung anzubauen.

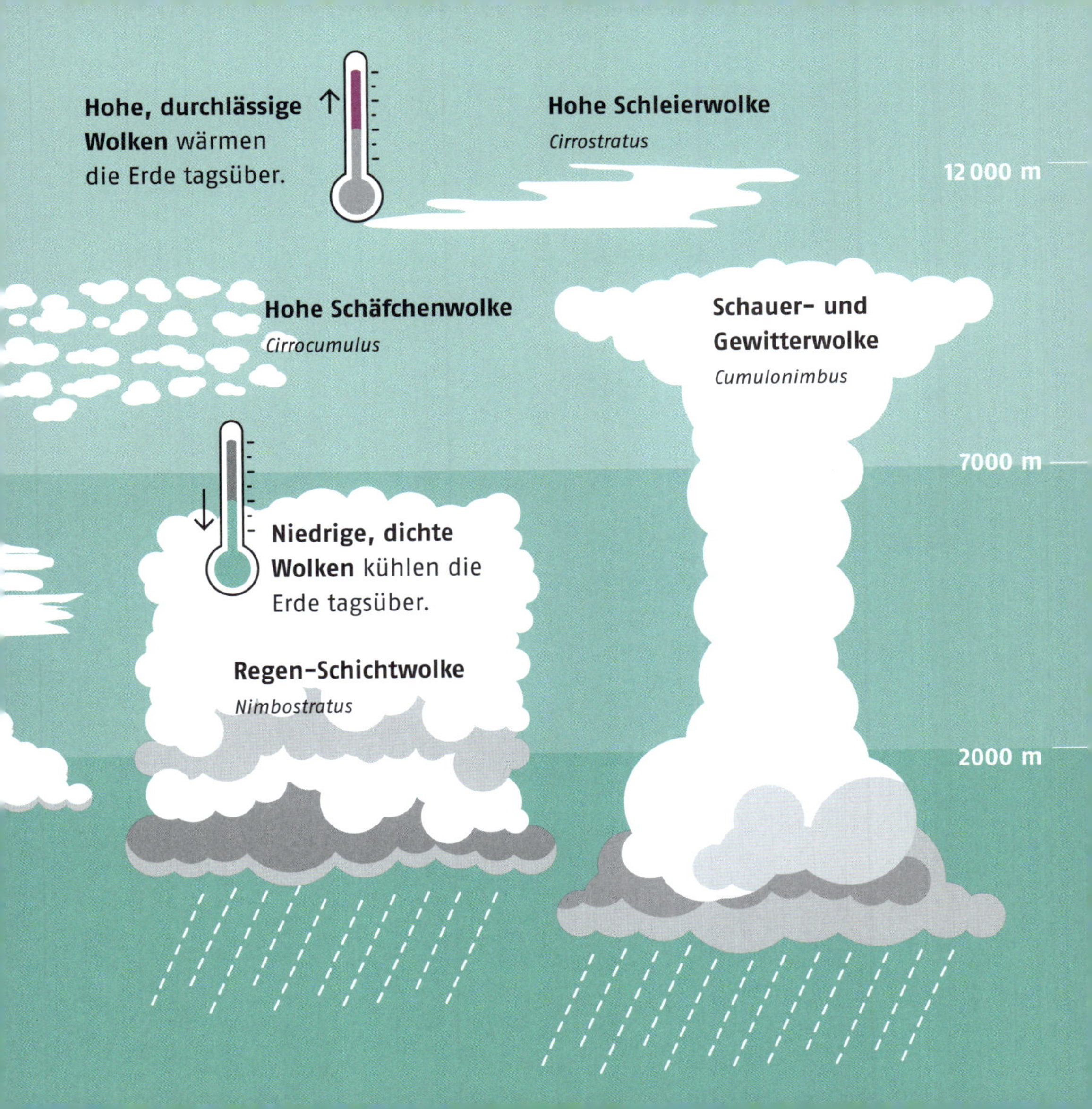

Hohe, durchlässige Wolken wärmen die Erde tagsüber.
Hohe Schleierwolke
Cirrostratus
12 000 m
Hohe Schäfchenwolke
Cirrocumulus
Schauer- und Gewitterwolke
Cumulonimbus
7000 m
Niedrige, dichte Wolken kühlen die Erde tagsüber.
Regen-Schichtwolke
Nimbostratus
2000 m

HANDYHERSTELLERIN

ERDE

40 %
PLASTIK
Erdöl (u. a. urzeitliches Plankton)

35 %
METALLE
Gesteine & Erze aus der Erdkruste

25 %
GLAS & KERAMIK
Sand & Minerale aus der Erdkruste

Jedes Smartphone ist ein Stück Natur! Es besteht zu 60 % aus Materialien aus der Erde, aus denen durch Erhitzen Metalle, Glas und Keramik entstehen. Die restlichen 40 % sind urzeitliche Algen und Plankton, die vor Jahrmillionen auf dem Meeresboden unter Sedimenten begraben wurden und bei steigendem Druck und Temperatur zu Erdöl werden. Aus diesem Öl wird schließlich Plastik hergestellt.

WUNSCHERFÜLLER

LÖWENZAHN

Erfüllt er wirklich Wünsche?
Auf jeden Fall ist der Löwenzahn ein Wunderwerk der Natur. Wenn die Blüte verblüht ist, kommen die Samen zum Vorschein. Jeder hat eine Art natürlichen Fallschirm (Pappus), damit er vom Wind möglichst weit getragen werden kann.

Unkaputtbar
Löwenzahn wächst fast überall: von Wiesen bis zu winzigen Ritzen im Asphalt. Dank seiner tiefen Pfahlwurzel erreicht er auch bei Dürre noch feuchten Boden. Wenn er abgemäht oder abgerissen wird, wächst er einfach nach.

Inhaltsstoffe

- ✓ Vitamin B, C, E, K
- ✓ Provitamin A
- ✓ Kalzium
- ✓ Eisen
- ✓ Magnesium
- ✓ Phosphor
- ✓ Inulin
- uvm.

Überlebenswichtig
Die früh blühenden Blumen sind nach dem Winter eine wichtige Nahrungsquelle für Käfer, Bestäuber und Vögel. Ihre Blätter werden von Kaninchen und Rehen gefressen. Die tiefen Wurzeln lockern den Boden auf und fördern so das Bodenleben.

Essbar und gesund
Man kann alle Teile des Löwenzahns essen: die Blüten als Dekoration oder in Sirupform, getrocknet als Tee, die Blätter im Salat oder als Spinat, die Wurzel gebraten oder getrocknet und dann geröstet als Kaffeeersatz.

ARBEITSAMT

NATUR

Wie bei einer Dominokette sind fast alle Berufe an die Natur gebunden und stehen oder fallen mit der Verfügbarkeit von Naturprodukten.
Die Hälfte unserer Weltwirtschaft hängt direkt von dem Zustand der Natur ab.
Der zunehmende Verlust der Natur ist der größte Risikofaktor für die Weltwirtschaft und die Gesundheit der Menschen.

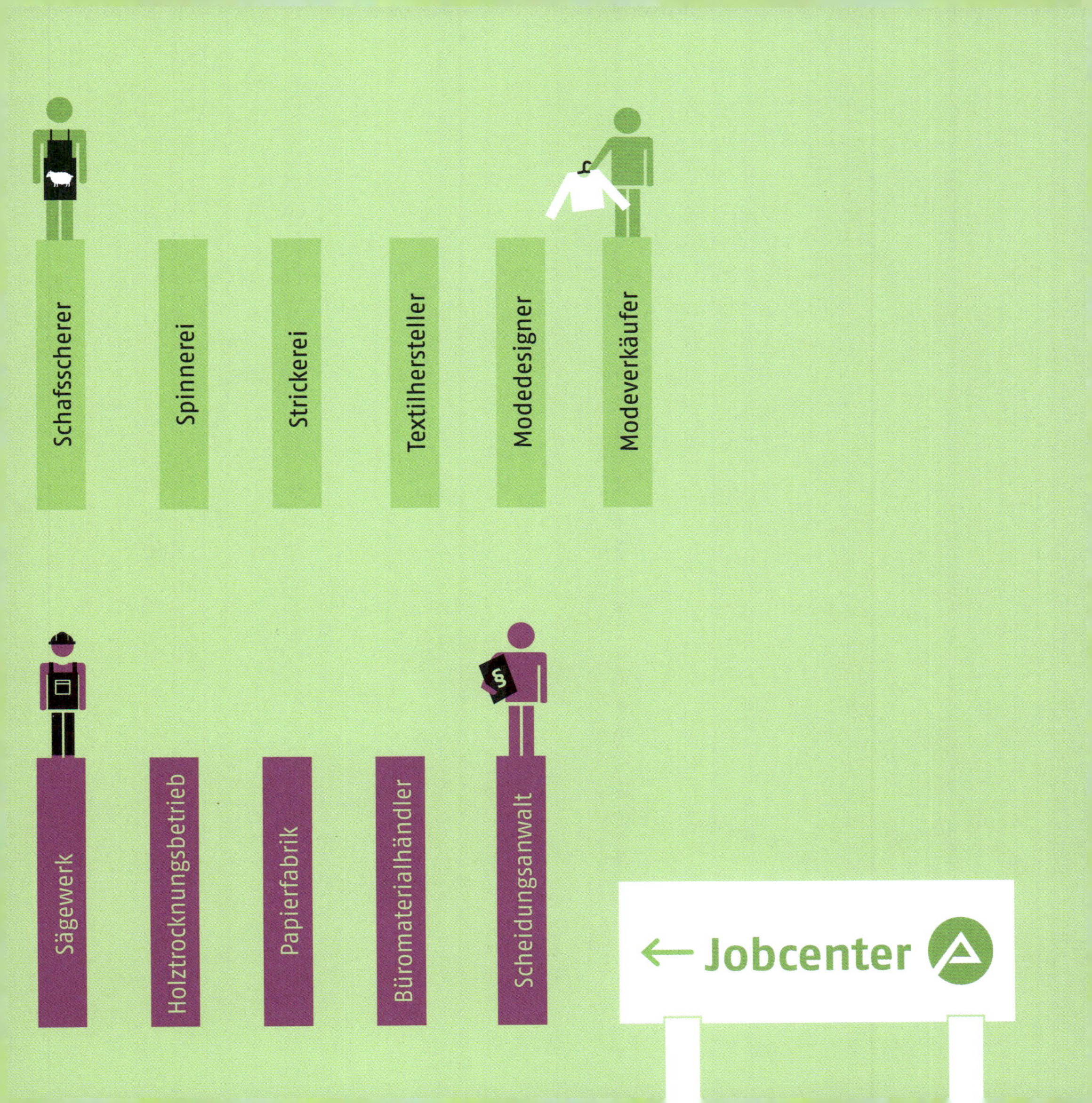
Schafsscherer
Spinnerei
Strickerei
Textilhersteller
Modedesigner
Modeverkäufer
Sägewerk
Holztrocknungsbetrieb
Papierfabrik
Büromaterialhändler
Scheidungsanwalt
← Jobcenter

ÜBER DIE AUTORIN

© Mira Unkelbach

Als freie Buchgestalterin und Infografikerin ist Esther Gonstalla vor allem in der Wissenschaftskommunikation tätig. Neben dem Bücherschreiben ist Esther Keynote-Speakerin und hält Workshops. Zu ihren Kunden zählen Universitäten in Deutschland und weltweit sowie wissenschaftliche Kunden wie die Deutsche Meeresstiftung, Australiens nationale Forschungsorganisation (CSIRO) und das australische Umweltministerium (DEECCW). Im Zentrum ihrer Arbeit stehen stets der Zustand und der Schutz unserer Umwelt.
Esther lebt seit 2022 in Australien an der »Great Ocean Road«.
Portfolio: gonstalla.com

QUELLEN

WEBLINKS STAND: 01.08.2026

VORWORT: ODE AN DIE NATUR

Intergovernmental Science-Policy Platform on Biodiversity and Ecosystem Services (IPBES) (2019): Global assessment report on biodiversity and ecosystem services. https://doi.org/10.5281/zenodo.3553579

Reid et al. (2005): Ecosystems and Human Well-being. Synthesis. Millennium Ecosystem Assessment. https://www.millenniumassessment.org

GRAFIK 1: STAUDAMMINGENIEUR

Bittel, J. (2025): These eager beavers saved the Czech government $1.2 million. National Geographic. https://www.nationalgeographic.com/animals/article/beaver-dam-czech-republic

GRAFIK 2: ERFINDERIN

Velcrobelt (2026): The History of Velcro Technology https://velcrobelt.com/history

GRAFIK 3: CONTENT CREATOR

Axion Power (2018): Powering The Entire World With Solar: Surface Area and Panel Requirements. https://www.axionpower.com/knowledge/power-world-with-solar/

NASA (2009): Climate and Earth's Energy Budget. https://science.nasa.gov/earth/earth-observatory/climate-and-earths-energy-budget/

GRAFIK 4: CHEMIKER

Girguis, P. (2021): How microbes define life on Earth. Peter Girguis, Professor of Organismic and Evolutionary Biology at Harvard University. https://www.joinexpeditions.com/exps/763-how-microbes-define-life-on-earth

nature outlook (2025). The human microbiome. The trillions of microbes that live in and on our bodies could light paths to better health. https://www.nature.com/immersive/human-microbiome/index.html

GRAFIK 5: PIZZABÄCKER

Food and Agriculture Organization (FAO) (2026): Global Action on Pollination Services for Sustainable Agriculture. https://www.fao.org/pollination/about/en

GRAFIK 6: WISSENSCHAFTLER

NOAA (2026): Follow the Whales: How Tagging Supports Whale Research and Rescue. https://www.fisheries.noaa.gov/feature-story/follow-whales-how-tagging-supports-whale-research-and-rescue

Papa, G. et al. (2025): The use of honey bees (Apis mellifera L.) to monitor airborne particulate matter and assess health effects on pollinators. Environmental Science&Pollution Research. https://link.springer.com/article/10.1007/s11356-024-33170-8

GRAFIK 7: GÄRTNER

Blouin, M. et al. (2013): A review of earthworm impact on soil function and ecosystem services. https://www.researchgate.net/publication/303568561_A_review_of_earthworm_impact_on_soil_function_and_ecosystem_services

Frouz, J. & Jílková, V. (2008). The effect of ants on soil properties and processes. European Journal of Soil Biology. https://www.researchgate.net/publication/228499939_The_effect_of_ants_on_soil_properties_and_processes_Hymenoptera_Formicidae

GRAFIK 8: BEATMUNGSMASCHINE

Helmholtz Klima Dialog-Plattform (2022): Die Bedeutung der Meere für das Klima. https://www.helmholtz-klima.de/klimawissen/die-bedeutung-der-meere-fuer-das-klima

NOAA (2026): How much oxygen comes from the ocean? https://oceanservice.noaa.gov/facts/ocean-oxygen.html

GRAFIK 9: LUFTBEFEUCHTER

Egawa, M. et al. (2002): Effect of exposure of human skin to a dry environment. https://pubmed.ncbi.nlm.nih.gov/12423539/

Kudo, E. et al. (2019): Low ambient humidity impairs barrier function and innate resistance against influenza infection. https://pmc.ncbi.nlm.nih.gov/articles/PMC6561219
Noti, J. D. et al. (2013): High Humidity Leads to Loss of Infectious Influenza Virus from Simulated Coughs. https://pmc.ncbi.nlm.nih.gov/articles/PMC3583861

GRAFIK 10: SPRITZENHERSTELLER

Bild der Wissenschaft (2008): Spritze mit Moskitorüssel als Vorbild. Redaktion wissenschaft.de, 21.07.2008. https://www.wissenschaft.de/technik-digitales/spritze-mit-moskitoruessel-als-vorbild/

GRAFIK 11: ÖKOSYSTEMMANAGER

Dokumentations- und Beratungsstelle des Bundes zum Thema Wolf (2025): Porträt des Europäischen Wolfes. https://www.dbb-wolf.de/Wolf_Steckbrief/portrait
Van Maanen, E. (2019): Return of the wolf in Northwestern Europe – A case of spontaneous rewilding. ECOS 40(6). https://www.ecos.org.uk/ecos-406-return-of-the-wolf-in-northwestern-europe-a-case-of-spontaneous-rewilding

GRAFIK 12: NÄHRSTOFFKURIERE

Roman, J. et al. (2025): Migrating baleen whales transport high-latitude nutrients to tropical and subtropical ecosystems. https://www.nature.com/articles/s41467-025-56123-2

GRAFIK 13: WEINSCHÜTZER

Delmas, M., Gergaud, O. (2021): Organic Wines Prevail in an Analysis of French Wine Ratings. UCLA Anderson. https://anderson-review.ucla.edu/organic-wines-prevail-in-an-analysis-of-french-wine-ratings/
Van Leeuwen, C. et al. (2024): Climate change impacts and adaptations of wine production.

GRAFIK 14: REISEVERANSTALTER

Umweltbundesamt (UBA) (2025): https://www.umweltbundesamt.de/daten/umweltzustand-trends/private-haushalte-konsum/nachhaltigkeit-bei-urlaubsreisen
Roos, P. (2024): Durchschnittliche Urlaubstage in Deutschland: nach Region, Branche und Beruf. https://www.stepstone.de/magazin/artikel/durchschnittlicheurlaubstage-in-deutschland-nach-region-branche-und-beruf

GRAFIK 15: BERGRETTER

Bayerisches Landesamt für Umwelt (2026): Integraler Lawinenschutz. https://www.lfu.bayern.de/wasser/integraler_lawinenschutz/index.htm
Fachstelle für Gebirgswaldpflege (GWP): Was kostet Schutzwald und wer bezahlt? https://www.schutzwald-schweiz.ch/de/was-kostet-schutzwald.html
HelmholtzKlima (2022): Wenn die Erde plötzlich wegrutscht. https://helmholtz-klima.de/aktuelles/erdrutsch-risiko

Schweizer Bundesamt für Umwelt (BAFU): SilvaProtect-CH. https://www.bafu.admin.ch/de/silvaprotect
Masi, E. B. et al. (2021): Root Reinforcement in Slope Stability Models: A Review. Journal of Geosciences 2021, Vol. 11(5), 212. https://www.mdpi.com/2076-3263/11/5/212

GRAFIK 16: AGRARSERVICE

Mols, C. M. M. & Visser, M. E. (2002): Great Tits (Parus major) Reduce Caterpillar Damage in Commercial Apple Orchards. https://doi.org/10.1371/journal.pone.0000202
Whelan et al. (2008): Ecosystem services provided by birds. Volume 1134, Issue 1 The Year in Ecology and Conservation Biology 2008, S. 25-60. https://doi.org/10.1196/annals.1439.003

GRAFIK 17: SCHADENSBEGRENZER

Friedlingstein, P. et al. (2026): Global Carbon Budget 2025. https://doi.org/10.5194/essd-18-3211-2026
IEA (2026): https://www.iea.org/data-and-statistics/data-tools/ccus-projects-explorer

GRAFIK 18: LOGISTIKER

Bundesverband der Deutschen Binnenschifffahrt e.V. (2026): Daten & Fakten in der Binnenschifffahrt 2024-2025. https://www.binnenschiff.de/wp-content/uploads/2025/11/Daten-Fakten_2024-2025.pdf
UBA (2026): Schifffahrt. https://www.umweltbundesamt.de/themen/wasser/fluesse/nutzung-belastungen/schifffahrt

GRAFIK 19: GOURMET-SCOUT

Allen, K. & Bennett, J. W. (2021): Tour of Truffles: Aromas, Aphrodisiacs, Adaptogens, and More. Mycobiology. https://pmc.ncbi.nlm.nih.gov/articles/PMC8259846
Tartuffel (2011): Bericht Trüffelsymposium. https://www.tartuffel.de/artikel/bericht-trueffelsymposium/
Australian Truffle Industry Association (2026): Growing Truffles. https://truffleindustry.com.au/growing-truffles/

GRAFIK 20: NÄHRSTOFFAUTOBAHN

Bolan, N. S. (1991): A critical review on the role of mycorrhizal fungi in the uptake of phosphorus by plants. Plant and Soil, 134, 189–207. https://research-repository.uwa.edu.au/en/publications/a-critical-review-on-the-role-of-mycorrhizal-fungi-in-the-uptake-/
Smith, S. E. & Smith, F. A. (2011): Fresh perspectives on the roles of arbuscular mycorrhizal fungi in plant nutrition and growth. Mycologia, 104, 1–13. https://www.tandfonline.com/doi/full/10.3852/11-229
Van der Heijden, M. G. A. (2016): Underground networking. Fungal networks transfer carbon between forest trees. https://www.science.org/doi/10.1126/science.aaf4694

GRAFIK 21: DÜNGER

Bundesministerium für Landwirtschaft, Ernährung und Heimat (BMEL) (2016): Landwirtschaftliche Gesamtrechnung. Vorleistungen. https://bmel-statistik.de/landwirtschaft/landwirtschaftliche-gesamtrechnung/vorleistungen
Carr, P. M. et al. (2021): Green and animal manure use in organic field crop systems. Agronomy Journal. https://www.ars.usda.gov/research/publications/publication/?seqNo115=362035
Palansooriya, K.N. et al. (2023): Converting food waste into soil amendments for improving soil sustainability and crop productivity: A review. Science of the Total Environment, 881, 163311. https://pubmed.ncbi.nlm.nih.gov/37044338/

GRAFIK 22: STADTREINIGUNG

Brumley, J. et al. (2018): The Influence of Green Infrastructure Practices on Groundwater Quality: The State of the Science. https://hero.epa.gov/reference/7330441/
Kluska, K. et al. (2020): The impact of rainfall on the diurnal patterns of atmospheric pollen concentrations. Agricultural and Forest Meteorology. Volume 291, 15 September 2020. https://www.sciencedirect.com/science/article/pii/S0168192320301441#fig0002

GRAFIK 23: INGENIEURE

Airbus (2020): Biomimicry: a fresh approach to aircraft innovation. https://www.airbus.com/en/newsroom/stories/2020-03-biomimicry-a-fresh-approach-to-aircraft-innovation
Cockpit (2019): Neue Rotor-Technologie nach dem Vorbild des Ahornsamens. Cockpit-Magazin. https://www.cockpit.aero/rubriken/detailseite/news/neue-rotor-technologie-nach-dem-vorbild-des-ahornsamens/
Hydro – Precision Aircraft Support (2019): What you should know about...winglets and wingtips. https://www.hydro.aero/en/newsletter-details/what-you-should-know-aboutwinglets-and-wingtips.html

GRAFIK 24: DÄMMPROFI

Metwally, S. et al. (2019): Thermal insulation design bioinspired by microstructure study of penguin feather and polar bear hair. https://www.sciencedirect.com/science/article/pii/S1742706119302740

GRAFIK 25: TEXTILLIEFERANT

Textile Exchange (2025): Materials Market Report. https://textileexchange.org/knowledge-center/reports/materials-market-report-2025/
Industrievereinigung Chemiefaser (Statista 2021): Weltweite Produktionsmenge von Chemie- und Textilfasern im Zeitraum von 1975 bis 2019. https://de.statista.com/statistik/daten/studie/6331/umfrage/weltweite-produktionsmenge-von-textilfasern-seit-1975/

GRAFIK 26: STROMLIEFERANTEN

DESTATIS Statistisches Bundesamt (2026): Bruttostromerzeugung in Deutschland. https://www.destatis.de/DE/Themen/Branchen-Unternehmen/Energie/Erzeugung/Tabellen/bruttostromerzeugung.html

GRAFIK 27: METEOROLOGE

Simon, E. et al. (2011): Frogs and toads as biological indicators in environmental assessment. Frogs: Biology, Ecology and Uses. S. 141–150. https://www.researchgate.net/publication/286071010_Frogs_and_toads_as_biological_indicators_in_environmental_assessment

GRAFIK 28: LEBENSVERSICHERER

USGS Water Science School (2019): Ice, Snow, and Glaciers and the Water Cycle. https://www.usgs.gov/water-science-school/science/ice-snow-and-glaciers-and-water-cycle
How Much Water is There on Earth? https://www.usgs.gov/special-topics/water-science-school/science/how-much-water-there-earth

GRAFIK 29: KLIMASTABILISATOR

Copernicus Marine Service (2026): Heat Storage. https://marine.copernicus.eu/explainers/why-ocean-important/heat-storage
NOAA (2024): What are El Niño and La Niña? https://oceanservice.noaa.gov/facts/ninonina.html

GRAFIK 30: KATASTROPHENSCHUTZ

Sponge Boost (2026): Upscaling the natural sponge functions of freshwater ecosystems to deliver multi-benefit green deal solutions. https://spongeboost.eu/
Bundesinformationszentrum Landwirtschaft (2026): Was bedeutet Starkregen für die Landwirtschaft? https://www.landwirtschaft.de/umwelt/klimawandel/auswirkungen-auf-die-landwirtschaft/was-bedeutet-starkregen-fuer-die-landwirtschaft

GRAFIK 31: LANDSCHAFTSGESTALTER

Kiwango, Y. et al. (2026): Livestock grazing boosts plant diversity in the Greater Serengeti-Mara Ecosystem. https://pubmed.ncbi.nlm.nih.gov/41865296/
Wallisdevries, M. (2016): Grazing and biodiversity: from selective foraging to wildlife habitats. https://www.researchgate.net/publication/306038400_Grazing_and_biodiversity_from_selective_foraging_to_wildlife_habitats
Dudley, N. et al. (2025): Graslandschaften: Übersehene Klimahelden. Ein Plädoyer für die Integration von Grasland in die globale Klimapolitik. https://www.wwf.de/fileadmin/fm-wwf/Publikationen-PDF/Klima/WWF_PolicyReport_Grasland_Übersehene_Klimahelden.pdf

GRAFIK 32: KOMPOSTIERER

NATION STAT (2026): Jamaika Landfläche. https://nationstat.com/de/country/jamaica/land-area-sq-km
UNEP (2024): UNEP Food Waste Index Report 2024 Key Messages. https://wedocs.unep.org/rest/api/core/bitstreams/5a45a93c-93b9-4606-a9db-ed69d7158931/content
Climate & Clean Air Coalition (2025): Abfall umwandeln, die Zukunft sichern: Ein neuer Leitfaden zu Systemen gegen Schwarze Soldatenfliegen. https://www.ccacoalition.org/de/news/transforming-waste-sustaining-future-new-guide-black-soldier-fly-systems

GRAFIK 33: MEDIKAMENTENLIEFERANT

Apothekerkammer Niedersachsen (2022): Phytotherapie oder Homöopathie – Was sind die Unterschiede? https://www.apothekerkammer-niedersachsen.de/userfiles/file/Presse/2208_PI_Phytotherapie.pdf
O'Connor, S. E. (2020): Wie Pflanzen medizinische Wirkstoffe produzieren. Forschungsbericht 2020 – Max-Planck-Institut. https://www.mpg.de/16566799/ice_jb_20201
Hamburg Open Online University (2026): Verfahrenstechnik für die Bioökonomie. 3. Pflanzliche Arzneimittel. https://learn.hoou.de/mod/book/tool/print/index.php?id=1730

GRAFIK 34: MEDIZINTECHNIKER

National Institutes of Health (2021): Surgical Adhesive Inspired by Slug Slime. https://www.nidcr.nih.gov/news-events/nidcr-news/2021/surgical-adhesive-inspired-slug-slime
Autumn et al. (2002): Evidence for van der Waals adhesion in gecko setae PNAS. https://doi.org/10.1073/pnas.192252799
Mahdavi, A. et al. (2008): A biodegradable and biocompatible gecko-inspired tissue adhesive. https://pmc.ncbi.nlm.nih.gov/articles/PMC2268132/

GRAFIK 35: HISTORIKER

World Ocean Review (2019): Arktis und Antarktis – extrem, klimarelevant, gefährdet. Eisbohrkerne: So lesen Forscher im Klimatagebuch des Eises. https://worldoceanreview.com/de/

wor-6/die-auswirkungen-des-klimawandels-auf-die-polarregionen/die-pfade-der-waerme/eisbohrkerne-so-lesen-forscher-im-klimatagebuch-des-eises/
Seliger, A. (2022): Als auf Grönland noch Mastodonten herumliefen. https://polarkreisportal.de/als-auf-groenland-noch-mastodonten-herumliefen

GRAFIK 36: WASSERFILTER

Almuktar, S. et al. (2018): Wetlands for wastewater treatment and subsequent recycling of treated effluent: a review. https://pmc.ncbi.nlm.nih.gov/articles/PMC6096557/
München.de (2025): Oktoberfest-Bilanz 2025. https://www.muenchen.de/veranstaltungen/oktoberfest/aktuell/wiesn-bilanz-2025-zahlen-und-fakten
Vincer (2025): Kosten für Wasseraufbereitungsanlagen. https://www.vincervalve.com/de/water-treatment-plant-cost/

GRAFIK 37: KULTURBEAUFTRAGTE

BUND (2023): Weihnachtsbaumtest. https://www.bund.net/themen/aktuelles/detail-aktuelles/news/bund-weihnachtsbaumtest-2023-ueber-zwei-drittel-der-baeume-mit-pestiziden-belastet/
UBA (2025): Ökologisch zertifizierte Weihnachtsbäume aus der Region bevorzugen. https://www.uba.de/n99654de

GRAFIK 38: GUERILLA-GÄRTNER

Delgado, M. M. & Jacobs, L. F. (2019): How squirrels protect their caches: Location, conspicuousness during caching, and proximity to kin influence cache lifespan. https://doi.org/10.1101/738237

GRAFIK 39: SCHÄDLINGSBEKÄMPFER

Nentwig, W. (1983): The prey of web-building spiders compared with feeding experiments. https://pubmed.ncbi.nlm.nih.gov/28310781/
Nyffeler, M. & Birkhofer, K. (2017): An estimated 400–800 million tons of prey are annually killed by the global spider community. https://pmc.ncbi.nlm.nih.gov/articles/PMC5348567

GRAFIK 40: ARMUTSBEKÄMPFER

Bundesministerium für wirtschaftliche Zusammenarbeit und Entwicklung (2022): Nachhaltige Fischerei und Aquakultur. https://www.bmz.de/de/themen/ernaehrungssicherung/fischerei-aquakultur
FAO (2025): Big impacts from small-scale fisheries. https://sustainability.stanford.edu/news/big-impacts-small-scale-fisheries

GRAFIK 41 PASSIVHAUSARCHITEKT

Lowney, A. M. et. al (2020): The Large Communal Nests of Sociable Weavers Provide Year-Round Insulated Refuge for Weavers and Pygmy Falcons https://www.researchgate.net/publication/346021910_The_Large_Communal_Nests_of_Sociable_Weavers_Provide_Year-Round_Insulated_Refuge_for_Weavers_and_Pygmy_Falcons
Oguntona, O. A. (2026): The Push and Pull of Biomimicry in Construction: Identifying Key Drivers for Sustainable Transformation. Walter Sisulu University, Südafrika. https://www.mdpi.com/2313-7673/11/3/163

GRAFIK 42: BAUSTOFFLIEFERANTIN

Minke, G. (2021): Building with Earth: Design and Technology of a Sustainable Architecture. Birkhäuser. https://link.springer.com/book/10.1007/3-7643-7873-5

GRAFIK 43: BODENSCHÜTZER

BUND (2026): Laubsauger und Laubbläser schaden Mensch und Natur. https://www.bund-naturschutz.de/oekologisch-leben/naturgarten/laubsauger-und-laubblaeser

GRAFIK 44: LUXUSGÜTERHERSTELLER

Forbes (2020): T. Rex Skeleton Sells For $31.8 Million At Christie's Auction. https://www.forbes.com/sites/tommybeer/2020/10/07/t-rex-skeleton-sells-for-318-million-at-christies-auction
Guinness World Record (2007): Most expensive truffle sold at auction. https://www.guinnessworldrecords.com/world-records/78275-most-expensive-truffle-sold-at-auction
Salon (2013): Mammoth elephant bird egg nets $100,000 bid at auction. https://www.salon.com/2013/04/24/mammoth_elephant_bird_egg_nets_100000_bid_at_uk_auction_ap
Sothebys (2017): CTF Pink Star – A True Masterpiece of Nature. https://www.sothebys.com/en/videos/ctf-pink-star-a-true-masterpiece-of-nature

Sothebys (2018): Marie Antoinette's Pearls Break Auction Records in Geneva. https://www.sothebys.com/en/articles/marie-antoinettes-pearls-break-auction-records-in-geneva

GRAFIK 45: KLIMAANLAGE

Bachofen C. et al. (2025): High transpirational cooling by urban trees despite extreme summer heatwaves. Eidgenössische Forschungsanstalt für Wald, Schnee und Landschaft (WSL). https://www.wsl.ch/de/news/stadtbaeume-kuehlen-auch-bei-extremer-hitze/

GRAFIK 46: WELLNESSOASE

Bundeswaldinventur (2022): Waldland Deutschland. https://www.bundeswaldinventur.de/vierte-bundeswald-inventur-2022/waldland-deutschland

Vermeesh, A. L. (2024): Shinrin-Yoku (Forest Bathing): A Scoping Review of the Global Research on the Effects of Spending Time in Nature. https://pmc.ncbi.nlm.nih.gov/articles/PMC10901062/

GRAFIK 47: TEMPERATURREGLER

DWD (2018): Die Wolken und ihre Klassifikation. Jahresbericht 2018. https://dwd.de/DE/leistungen/jahresberichte_dwd/poster_pdf/jahresbericht_2018_poster.pdf?__blob=publicationFile&v=2

Cziczo, D. (2024): How do clouds affect the Earth's temperature? Are humans changing clouds? MIT Climate Portal. https://climate.mit.edu/ask-mit/how-do-clouds-affect-earths-temperature-are-humans-changing-clouds

GRAFIK 48: HANDYHERSTELLERIN

Gómez, M. et al. (2023): Critical and strategic metals in mobile phones. Journal of Cleaner Production. https://www.sciencedirect.com/science/article/pii/S0959652623022576

GRAFIK 49: WUNSCHERFÜLLER

Lis, B. & Olas, B. (2019): Pro-health activity of dandelion (Taraxacum officinale L.) and its food products – history and present. Journal of Functional Foods. https://www.sciencedirect.com/science/article/abs/pii/S1756464619302683

Harvey, M. (2022): Delightful dandelions. https://ukpoms.org.uk/delightful-dandelions

GRAFIK 50: ARBEITSAMT

Krumenacker, T. (2021): Expertin des Weltwirtschaftsforums: Mehr als Hälfte der Wirtschaftsleistung hängt von Natur ab. https://www.riffreporter.de/de/umwelt/biodiversitaet-natur-sichert-wohlstand-weltwirtschaftsforum-akansha-khatri-interview

Zabey, E. (2020): Nature is everyone's business: a call for collective action to reverse nature loss. World Economic Forum. https://www.weforum.org/stories/nature-and-biodiversity/business-for-nature-protect-loss-recovery-climate-environment-risk-collective-action-post-covid-world/